无线网络拓扑识别与构建技术研究

董德尊　廖湘科　刘云浩　著

U0353425

国防科技大学出版社
·长沙·

图书在版编目(CIP)数据

无线网络拓扑识别与构建技术研究/董德尊,廖湘科,刘云浩著.
—长沙:国防科技大学出版社,2014.10
ISBN 978 - 7 - 5673 - 0217 - 4

Ⅰ.①无…　Ⅱ.①董…　②廖…③刘…　Ⅲ.①无线电通信 - 传
感器 - 网络拓扑结构　Ⅳ.①TP212

中国版本图书馆 CIP 数据核字(2013)第 288951 号

国防科技大学出版社出版发行
电话:(0731)84572640　邮政编码:410073
http://www.gfkdcbs.com
责任编辑:唐卫威　责任校对:刘　梅
新华书店总店北京发行所经销
国防科技大学印刷厂印装
*
开本:850×1168　1/32　印张:6.75　字数:175 千
2014 年 10 月第 1 版第 1 次印刷　印数:1 - 500 册
ISBN 978 - 7 - 5673 - 0217 - 4
定价:18.00 元

前　言

　　随着信息技术的快速发展，网络技术的研究也发生着革命性的变化：不仅关注计算机之间的互联，还开始研究计算机同物理世界的互联。方兴未艾的物联网技术就是这一研究热潮的集中体现。无线传感器网络作为连接物理世界和计算机世界的桥梁，能够以自组织的方式实现对物理世界信息的细粒度感知，具有很高的研究价值和应用潜力，引起国内外学术界和工业界极大的关注。

　　拓扑识别与构建是无线传感器网络中的核心问题。传感器网络对信息的采集、处理和传输都需要有效组织的拓扑结构作为基本保障。现有的拓扑问题研究通常假设已知节点精确位置信息。获取准确的位置信息在大规模传感器网络中非常困难。对位置信息的严格依赖很大程度上限制了这些方法的实际可用性。不依赖位置信息的拓扑识别与构建技术可以极大限度提高网络系统在位置信息无法获取或部分可用情况下的有效性，是近年来传感器网络的热点研究方向。

　　不依赖位置信息的拓扑问题研究面临两方面的重大挑战。首先是信息受限。在没有节点位置信息的情况下，算法设计可用的主要信息就是网络连通性以及刻画连通性的各种图模型。从抽象层面讲，通信模型仅能反映连通图的局部特征，而位置信息则是具有全局性的信息。许多涉及网络全局性的拓扑结构问题，比如定位网络空洞，在给定全局性的位置信息时，往往容易设计有效的算法；但在仅有连通信息和图模型时变得很难处理。又比如，在仅知道网络连通图符合单位圆盘图模型的情况下，要计算网络的有效嵌入是困难的。其次是研究方法和理论工具受限。在没有位置信息的情况下，传感器网络研究通常采用的纯计算几何的方法无法应用。单纯的图理论方法虽然适用于仅有连通信息时的算法设计，但往往由于过于具有一般性，缺乏对网络几何特性的充分利用，难以获得高效的算法和拓扑结构。

本书以提高方法的可用性和效能为目标，系统地研究了不依赖位置信息的拓扑识别与构建中若干重要而具挑战性的科学问题。在信息受限的情况下，充分挖掘问题的特点，对网络连通图的几何和拓扑特性进行深入分析，建立有效的拓扑分析工具和方法，设计高效的不依赖位置信息的分布式算法。

本书主要研究内容和创新性包括以下几个方面。

第一，不依赖位置信息的边界识别问题。

不依赖位置信息的边界识别是拓扑识别的核心问题。边界识别的一般目标是抽取网络中有意义的结构来捕捉感兴趣区域的网络，这些区域可能是通信空洞、感知覆盖空洞或特定的事件区域等。边界识别为许多基本网络功能（包括路由、覆盖、定位等）提供技术支撑。作为一种基本的网络服务，边界识别技术通常尽量减少对其他网络功能的依赖。边界识别问题的研究绝大部分都不依赖节点位置信息，而着重于设计仅基于连通性信息的边界识别算法。但已有的边界识别方法从识别效果来讲都是粗粒度方法。这些粗粒度方法不能实现边界识别问题期望的许多重要目标，包括计算网络空洞的准确数目和位置等。本书首次提出细粒度的分布式边界识别算法。该算法仅利用连通性信息对每个网络边界计算出有意义的边界环，可实现对网络边界的细粒度定位。

第二，不依赖位置信息的虫洞识别问题。

识别由攻击造成的拓扑异常也是拓扑识别的重要研究内容。虫洞攻击是无线自组织与传感器网络对网络拓扑产生严重影响的攻击。自虫洞攻击在无线自组织网络中被提出以来，围绕虫洞攻击的攻防问题一直是非常活跃的研究领域，引起了众多知名学者的关注。众多国际知名学者提出大量的虫洞检测方法。总体来讲，现存的虫洞检测方法需要依赖专业的硬件设备或对网络设定较强的假设条件来识别虫洞攻击的某种网络症状。比如需要使用专门的硬件，包括 GPS、定向天线、专门的无线信号收发模块等，或假设有严格精确的全网时间同步机制、特制的警卫节点、安全的初始环境等。依赖专用硬件和较强网络假设制约了已有方法在资源受限的传感器网络中的适用性。本书首次从代数拓扑学角度对虫洞导致的网络拓扑异常进行深入分析，提出了一种基于拓扑学的分布式虫洞检测方法，该方法仅利用连通性信息，有效减少了现有方法对网络假设和硬件条件的依赖性。

第三，不依赖位置信息的覆盖拓扑构建问题。

构建感知覆盖拓扑是拓扑构建中的关键问题。现有的覆盖算法通常需要精确的节点位置信息或测距信息。最近，基于连通性的覆盖模式受到了广泛关注并取得了一定的研究进展，但仍存在需要中心式计算、每个覆盖单元必须是三角形结构等限制因素，很难应用于实际的大规模自组织传感器网络。本书首次提出基于连通性信息圈限覆盖模式，建立了不依赖位置信息覆盖问题的图理论框架，提出了一种仅利用连通性信息的分布式稀疏覆盖集调度算法，可满足不同的覆盖粒度和覆盖质量要求。

第四，不依赖位置信息的自监控拓扑构建问题。

研究面向新的应用需求的拓扑构建问题。致力于设计具有局部监控能力的拓扑结构，使网络中每条通信链路都能够被网络中一些点所监控。本书首次形式化地建模自监控拓扑问题，并证明即使在有几何表出的单位盘图模型中构造最优的自监控拓扑也是 NP 完全的，并在不同的图模型下对问题的理论可近似性进行了深入分析。本书提出监控集受限图模型，并基于该模型设计出不依赖位置信息的多项式时间近似模式（PTAS）的算法，及有近似比和时间复杂度保证的局部化算法，可有效解决自监控拓扑构建问题。

综上所述，本书针对在当前大规模分布式自组织传感器网络中难以获取节点的精确位置信息这一实际情况，以与数据采集、处理和传输等基本网络功能紧密相关的拓扑问题为切入点，系统地开展了不依赖位置信息的拓扑识别与构建的关键技术研究，取得了一系列创新性研究成果。本书的研究成果有助于突破传感器网络关键应用的位置依赖壁垒，推动不依赖位置信息的拓扑识别与构建理论与方法的发展，具有重要的理论意义和应用价值。

Preface

With the rapid development of information technology, computer and network technologies are now undergoing a revolutionary change that researchers are not just concerned about the connections between the computers but also the links between the physical world and the computer world. Internet of things is emerging as a key motivating point behind this movement. Wireless sensor networks (WSNs), as a digital bridge to the physical world, enable in-situ sensing of environmental phenomena in a self-organized fashion. WSNs are recognized as being of theoretical and practical importance in many military and civilian applications, and have attracted widespread attention from both domestic and international academia and industry.

Topology recognition and construction are important issues in wireless ad hoc and sensor networks. Effectively organized structures in network topology provide necessary infrastructures for many basic network operations, i. e. data gathering, in-network processing and communication, and etc. Most existing studies on topology issues assume the knowledge of accurate location information of nodes. Such assumptions substantially limit the applicability of those methods because acquiring accurate location measurement is practically difficult for large-scale sensor networks. Location-free methods can greatly enhance the applicability of network systems when location information is missing or only partially available. However, research of location-free topology problems is faced with a great challenge of developing efficient algorithms within limited resources. First, the information available is limited. When location information is not available, the information used in algorithms is primarily composed of connectivity graphs and wireless communication models. Communication models mainly capture the local features of connectivity graphs, while node locations provide more valuable global information. When we deal with issues concerning the global topology, such as locating communication or coverage holes in the network, it is possible to design effective algorithms if global coordinates of nodes are available, but it is often difficult if only connectivity information is given. For example, it is NP-hard to find valid embeddings for unit disk graphs. Second, current methodologies and tools are incomplete or inadequate to solve location-free topology issues. Given only connectivity information, computational geometry approaches often cannot be utilized directly. Although graph theory methods can still be used, they do not fully exploit geometric structures of the network and are often too general to produce efficient algorithms.

Aiming at relaxing the limitations of existing works and

increasing the robustness and efficiency of the methods under location uncertainty, this book systematically investigates several important issues involving location-free topology recognition and construction in sensor networks. We infer the geometric and topological features from network connectivity and construct effective connectivity substructures for important applications, including sensing coverage and geometrical routing. We design location-free distributed algorithms by exploring the techniques in combinatorial graph theory and computational topology. The main contents and contributions of this book are indicated below.

First, network boundary recognition is crucial and critical for many fundamental network functionalities in sensor networks. Previous location-free designs, however, mostly detect boundaries in a coarse grain manner. Those coarse-grained methods are not able to correctly answer many important queries, i. e. the total number and location of boundaries in the network, etc. To address this issue, we propose the first fine-grained and distributed boundary recognition approach using merely connectivity information. We formally define the network boundaries in a topological manner and present the distributed algorithm that can discover meaningful cycles to accurately locate all the boundaries.

Second, we further explore the abnormal topological features, i. e. the holes in the high dimension (genus) caused by wormhole attacks. Wormhole attack is a severe threat to wireless ad hoc and sensor networks. Most existing wormhole countermeasures either require specialized hardware devices or make strong assumptions on the network. Those requirements and assumptions limit the applicability of previous approaches. This work analyzes the fundamental impact of wormhole on network connectivity, and captures the inevitable symptoms of wormholes and locate wormholes with topology methodology. To our best knowledge, this work presents the first distributed wormhole detection approach, which does not require special hardware devices or any rigorous assumptions on network properties but relies solely on network connectivity information.

Third, based on the result of boundary recognition, we further study to schedule inside nodes in the network to construct effective structure and achieve sensing coverage. Coverage topology construction is a fundamental issue in wireless ad hoc and sensor networks. Most previous techniques for coverage problem often require accurate location information or range measurements. Only a few works can address coverage problem with merely connectivity information, however, they are limited by centralized computation and fixed coverage granularity. We establish a graph theoretical framework for location-free coverage, and propose a novel coverage criterion and scheduling method based on cycle partition. Our method is able to schedule a sparse coverage set in a distributed manner, using purely connectivity information. Our design has a particular advantage, which permits us to configure or adjust the quality of coverage by adequately exploiting diverse sensing ranges and specific requirements of different applications. To our best knowledge, this work makes the first successful attempt towards establishing a connectivity-based and distributed coverage scheme with configurable coverage granularity.

Finally, we study topology construction tailored for requirements of new applications. We focus on constructing a connectivity structure integrated with self-monitoring capability, which ensures that every communication link can be monitored by nodes in the network. We make the first formal study on the problem of self-monitoring topology optimization, show that finding an optimal self-monitoring topology is NP-complete even by modeling the network as a unit disk graph with geometric representation, and give the upper bound on the approximation ratio in various graph models. We present the monitoring-set bounded graph model and utilize the model to design a location-free algorithm that provides the polynomial-time approximation scheme (PTAS) for optimal self-monitoring topology problem. We further design two localized polynomial algorithms with provable approximation ratio and time complexity.

In summary, given the fact that it is practically difficult to acquire accurate location measurement in large-scale sensor networks, it is important to take advantage of location-free methods to enhance the applicability of network systems when location information is missing or only partially available. This book focuses on the location-free topology issues closely related to basic network functionalities, i. e. , data gathering, processing and transmission. This book develops innovative research and techniques to address pressing challenges. The results are published in the top conferences and journals in the field of computer networks and distributed systems. The results of this book will potentially help to advance the state-of-the-art in the research of location-free topology issues and related methodologies, and have great theoretical and practica impact on the development of wireless sensor networks.

目　录

第1章　绪　论

1.1　无线传感器网络概述 ……………………………………（1）
　1.1.1　基本概念和特点 ………………………………（1）
　1.1.2　研究现状 ………………………………………（3）
1.2　无线传感器网络的拓扑结构 ……………………………（6）
　1.2.1　研究意义 ………………………………………（6）
　1.2.2　研究挑战 ………………………………………（9）
1.3　研究内容 …………………………………………………（12）
1.4　组织结构 …………………………………………………（15）

第2章　相关研究

2.1　拓扑问题的基本概念 ……………………………………（16）
　2.1.1　拓扑结构的分类 ………………………………（17）
　2.1.2　图模型 …………………………………………（18）
2.2　拓扑识别问题 ……………………………………………（19）
　2.2.1　边界识别 ………………………………………（19）
　2.2.2　形状与骨干识别 ………………………………（23）
　2.2.3　拓扑攻击识别 …………………………………（24）
2.3　拓扑构建问题 ……………………………………………（27）
　2.3.1　覆盖拓扑构建 …………………………………（28）
　2.3.2　连通拓扑构建 …………………………………（31）
2.4　小　结 ……………………………………………………（35）

第3章　不依赖位置信息的细粒度边界识别

3.1　引　言 ……………………………………（36）
3.2　问题描述 …………………………………（38）
　3.2.1　现有的边界定义 ……………………（39）
　3.2.2　以拓扑的方式定义边界 ……………（41）
3.3　边界识别算法 ……………………………（44）
　3.3.1　FGP 变换 ……………………………（46）
　3.3.2　骨干图抽取 …………………………（49）
　3.3.3　基本边界环生成 ……………………（50）
　3.3.4　内边界优化 …………………………（52）
　3.3.5　外边界优化 …………………………（54）
　3.3.6　特例处理 ……………………………（55）
　3.3.7　分布式执行 …………………………（57）
3.4　理论分析 …………………………………（61）
　3.4.1　预备知识 ……………………………（61）
　3.4.2　拓扑边界的一致性 …………………（62）
　3.4.3　算法正确性分析 ……………………（63）
3.5　性能评估 …………………………………（69）
　3.5.1　定性评估 ……………………………（70）
　3.5.2　定量评估 ……………………………（73）
3.6　小　结 ……………………………………（76）

第四章　不依赖位置信息的虫洞拓扑识别

4.1　引　言 ……………………………………（78）
4.2　问题描述 …………………………………（80）
4.3　虫洞拓扑的初步识别方法 ………………（82）
　4.3.1　虫圈算法的设计思路 ………………（82）
　4.3.2　虫圈算法 ……………………………（83）

　4.3.3　虫圈算法小结 ·················· （87）

4.4　虫洞拓扑的本质特征 ··················· （89）

　4.4.1　预备知识 ····················· （89）

　4.4.2　刻画虫洞 ····················· （90）

　4.4.3　检测虫洞 ····················· （96）

　4.4.4　理论分析 ····················· （99）

4.5　离散环境中的虫洞检测 ··············· （102）

　4.5.1　选择候选环 ·················· （104）

　4.5.2　寻找独立不可分环 ·············· （104）

　4.5.3　寻找扭结不可分离环对 ··········· （106）

4.6　性能评估 ························· （107）

　4.6.1　模拟环境设置 ················· （108）

　4.6.2　节点部署方式和密度的影响 ········ （108）

　4.6.3　不同种类虫洞的影响 ············ （109）

4.7　小　结 ·························· （110）

第五章　不依赖位置信息的覆盖拓扑构建

5.1　引　言 ·························· （112）

5.2　问题描述 ························· （114）

　5.2.1　网络模型 ···················· （114）

　5.2.2　圈限覆盖 ···················· （115）

　5.2.3　覆盖质量的可配置性 ············ （116）

5.3　环分割覆盖准则 ···················· （120）

　5.3.1　构建覆盖准则 ················· （120）

　5.3.2　与同调准则对比 ··············· （123）

5.4　执行覆盖准则 ····················· （124）

5.5　分布式覆盖调度算法 ················· （126）

　5.5.1　VPT 变换 ··················· （127）

　5.5.2　构造稀疏覆盖集 ··············· （130）

　　　5.5.3　定位覆盖空洞 ……………………………（131）

　　　5.5.4　正确性证明 ……………………………………（134）

　5.6　性能评估 ………………………………………………（135）

　　　5.6.1　覆盖粒度的影响 …………………………………（135）

　　　5.6.2　通信模型的影响 …………………………………（138）

　5.7　小　结 ……………………………………………………（140）

第六章　不依赖位置信息的自监控拓扑构建

　6.1　引　言 ……………………………………………………（141）

　6.2　问题描述 ………………………………………………（145）

　6.3　问题难度分析 …………………………………………（147）

　　　6.3.1　问题的难解性 ……………………………………（148）

　　　6.3.2　可近似性分析 ……………………………………（151）

　6.4　基于连通性的算法设计 ……………………………（155）

　　　6.4.1　PTAS 近似算法 ……………………………………（155）

　　　6.4.2　局部化近似算法 …………………………………（158）

　6.5　性能评估 ………………………………………………（166）

　　　6.5.1　定量评测 …………………………………………（166）

　　　6.5.2　讨　论 ……………………………………………（173）

　6.6　小　结 ……………………………………………………（175）

第七章　结束语

　7.1　工作总结 ………………………………………………（176）

　7.2　研究展望 ………………………………………………（178）

　参考文献 ………………………………………………………（181）

第1章 绪 论

多跳无线自组织网络、低功耗嵌入式系统、传感器等技术的融合推动了无线传感器网络作为新的计算模式的产生和发展。微型的传感器节点集信息采集、数据处理和无线通信能力为一体。大量部署在物理世界中的传感器节点,可以通过自组织的方式形成无线传感器网络,实现对物理世界信息的细粒度的感知。无线传感器网络增强了人们感知物理世界的能力,在军事国防、工农业生产、环境监测、抢险救灾等诸多领域具有广阔的应用前景,引起了国内外学术界和工业界极大的关注,成为目前计算机领域中的研究热点。

1.1 无线传感器网络概述

1.1.1 基本概念和特点

无线传感器网络由大量部署在监测区域内具有自治能力的传感器节点组成的通信网络,并通过节点间的协作完成对物理环境的监控[1]。传感器节点通常包含控制、感知、通信和电源等模块;控制模块具有一定的存储和运算能力,控制整个节点的运作;感知模块包含面向特定的感知设备实现对信息的采集;通信模块完成节点间信息的无线收发;电源模块通过电池等设备提供节点运行所需的能量。不同种类的传感器节点可能在尺寸、能力、造价等方面有着显著的不同。目前各种应用需求和相关领域的技术进步推动传感器节点朝着智能化、微型化、低功耗和低成本的方向不断发展。成本和尺寸相应地限制了传感器节点的资源,包括能量、存储、计算速度和带宽等。

在典型的无线传感器网络应用中[2],通常既有大量低成本的节点,也有少数能力相对较强的基站(sink)节点作为数据中心,如图 1-1 所示。普通节点与基站进行信息交换通过在普通节点间的多跳路由完成,网络控制者与基站间则可以通过传统的通信方式进行数据交互。在下面的叙述中通常将无线传感器网络简称为传感器网络。

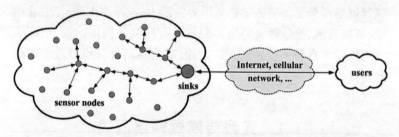

图 1-1　基于基站的无线传感器网络体系结构图

传感器网络与传统的有线和无线网络有一些共同的地方,因此许多已有的方法被移植到传感器网络中。但节点的空间部署、自组织通信、感知能力等重要因素,使得传感器网络同传统的有线网络有着很大的不同。和许多自组织网络相比,传感器网络有更严格的资源限制、更少的基础设施支持以及更大的网络规模等特点。作为资源受限、面向应用、空间部署的自组织网络,传感器网络的研究需要充分考虑以下几个方面特点。

第一,传感器节点的电源、通信、计算、存储等资源的受限性。由于传感器节点的体积和造价受限,节点的电源通常由电池提供,且由于传感器网络部署的区域和规模,手工更换电池的代价较大,所以能源受限是长期部署的传感器网络面临的严重挑战。为了降低传感器节点的功耗、体积和造价,相应的传感器节点具有的无线通信距离和带宽都较小,处理器的计算能力有限,存储器容量也较小。

第二,传感器网络的功能设计与应用紧密相关。不同的应用对传感器网络有多种不同的要求。虽然这些应用可能面临一些共性的技术问题和解决方法,但在传感器网络的开发过程中,应充分利用相关应用的特点和需求进行定制开发和优化,这样才能在资源受限的情况下设计出尽可能高效的系统。

第三,传感器网络的大规模和自组织特性。由于单个传感器节点的感知和通信范围有限,要达到较大的覆盖范围,通常需要部署大量的节点。同时由于部署方式和环境干扰因素,节点间的邻居关系不能预先精确设定。这就要求传感器节点具有自组织的配置和管理能力,进而通过节点间的分布式合作完成特定的任务。

第四,传感器节点的空间部署特征在协议设计中发挥着重要作用。在传统的有线网络中,网络的功能实现中很少涉及节点的具体地理位置。但是在传感器网络中,传感器节点的空间部署特征是十分显著的。为了实现高效的协议设计,大量关键的协议和功能包括路由、感知覆盖、拓扑控制和数据收集等,都需要利用网络的空间部署特征。

1.1.2 研究现状

近年来传感器网络取得了蓬勃的发展,成为计算机与通信领域一个新的重要的分支,在国内外学术界和工业都吸引了大量的关注。

1.1.2.1 研究机构

在国际上,美国国防部高级研究计划署(DARPA)和自然科学基金委员会设立了多项有关传感器网络的研究项目。美国很多大学都成立专门的传感器网络实验室或研究小组,比较著名的实验室和研究项目包括:加州大学伯克利分校的 BWRC 研究中心[3]和 WEBS 研究项目[4];麻省理工学院的 NMS 项目[5]和 μAMPS 项目[6];斯坦福大学的 WSNL 实验室[7]和 SING 实验室[8];卡内基梅隆大学的 FireFly 项目[9];哈佛大学的传感器网络实验室[10];伊利诺斯大学香槟分校的 OSL 实验室[11];加州大学洛杉矶分校的 CENS 实验室[12];南加州大学的 ANRG 研究组[13];耶鲁大学的 ENALAB 实验室[14];明尼苏达大学的 MESS 研究组[15];乔治亚理工学院的 BWN 实验室[16];普渡大学的 IDEAS 实验室[17];俄亥俄州立大学的 ExScal 项目[18];纽约州立石溪大学的 WINGS 实验室[19]等。欧洲的众多研究机构和大学[20, 21]及 IBM[22]、Intel[23]和 Microsoft[24]等公司也在从事传感器网络的相关研究。

在国内,较早进行传感器网络研究的机构有中科院软件所[2]、中科院计算所[25]、哈尔滨工业大学[2, 26]、清华大学[2, 27]、上海交通大学[28]、北京大学[29]、南京大学[30]、国防科技大学[31]、浙江大学[32]、复旦大学[33]、湖南大学[34]、北京邮电大学[35]、北京交通大学[36]等。2004 年 3 月,中科院和香港科技大学成立了联合实验室,开展传感器网络的研究。2006 年年初,国家 973 计划资助了无线传感网络的基础理论及关键技术研究项目,并成立了 973 WSN 联合实验室,包括香港科技大学、上海交通大学、国防科技大学等在内的十多所重点高校联合展开对传感器网络的研究。中国下一代互联网示范工程(CNGI)2006 年研究开发、产业化及应用试验项目中也包含了无线传感器网络节点的研究项目。国家自然科学基金和国家 863 高科技计划都设立资助传感器网络的研究专项。

1.1.2.2 系统与应用

由于传感器网络具有自组织、灵活和容易部署等优点,因此将其作为新感知与计算平台有着很大的应用前景。不仅在工业、农业、军事、环境、医疗等传统领域具有众多的应用,在未来新兴领域体中将发挥更多潜在的优越性。目前已经有大量的传感器网络系统开始投入使用。在传感器节点的硬件平台和系统软件方面比较有代表性的成果,包括加州大学伯克利分校和 Crossbow 公司开发的 Mica[37] 系列节点和 Telos 节点[38];Intel 公司开发的 Intel Mote[39] 节点;加州大学伯克利分校开发的 TinyOS[40] 系统以及加州大学洛杉矶分校开发的 SOS[41] 系统等。国内也在这方面开展了很多工作,包括中科院计算所的 EZ 系列节点[42],浙江大学的 SenSpire 操作系统[43] 等。

在系统部署方面著名的项目也有很多。在军事应用中,美国国防部远景计划研究局已投资几千万美元,支持研究机构进行"智能微尘"传感器技术的研发[44]。DARPA 在美空军研究实验室的帮助下,通过传感器网络确定敌方狙击手位置[45]。在环境的监测和保护方面,英特尔研究实验室曾经将小型传感器部署到缅因州大鸭岛上评估海燕巢的气候条件[46]。美国气象部门早期研制的 ALERT 系统[47],通过监测降雨量、水位、天气等环境条件,估计发生洪水的可能。加州大学伯克利分校利用传感器对金门大桥的结构健康情况进行监测[48]。英国南安普顿大学从 2003 年至今持续进行的 Glacsweb 系统[49],通过在挪威和冰岛部署传感器网络监测气候变化对冰川的影响。美国南加州大学 2004 开展了基于传感器网络的建筑结构质量监测系统[50]。麻省理工学院等研究机构从 2004 年开始分阶段启动 PipeNet 系统研究[51],将传感器网络部署在波士顿下水管道系统中,通过传感器节点检测水压、水声、振动等定位漏水点。约翰霍普金斯大学等机构从 2005 年开始在巴尔的摩部署检测土壤生态环境的小规模传感器网络系统[52]。中国海洋大学和香港科技大学等高校于 2007 年合作开展了基于传感器网络的海洋环境实时监测系统 OceanSense[53]。香港科技大学、西安交通大学、伊利诺理工大学、浙江林学院、杭州电子科技大学、清华大学、北京邮电大学等高校从 2008 年至今开展的大规模长期林业生态监控系统 GreenOrbs(绿野千传)[54]。此外,传感器网络在精准农业[55]和智能电力网络等领域也已开展了一些应用研究。

1.2　无线传感器网络的拓扑结构

　　无线传感器网络的拓扑结构是信息采集、处理和传输等重要网络功能的基本前提和重要保证。理解与构建网络拓扑结构是传感器网络中重要的研究问题。由于传感器网络和节点的特性,传感器网络中拓扑结构的研究有其特殊的限制和特点。本节首先阐述理解与构建拓扑结构在传感器网络中的研究意义,然后讨论传感器网络拓扑结构研究面临的挑战。

1.2.1　研究意义

　　单个传感器节点的资源与能力是非常有限的。传感器网络功能的实现取决于大量节点协作地对物理世界的信息采集与处理。在这些基本的网络操作中,拓扑结构发挥着重要的基础设施作用。对网络拓扑结构的深入理解和有效设计是许多应用和协议都要处理的核心问题。下面从拓扑识别和拓扑构建两个角度阐述拓扑结构的研究意义。

首先讨论拓扑识别的研究意义。由于传感器网络通常被随机部署到监控区域，节点在部署之初往往没有网络的全局信息，比如受监控区域的全局形状、节点自身在网络中的相对位置等。这些与部署相关的特征直接源自网络部署环境的几何特征。这些部署区域的几何(比如形状)和拓扑特征(比如洞和其他高维拓扑特征)对于网络设计产生显著影响。传感器网络中的很多设计通常假设网络节点均匀随机地部署的在没有洞的简单几何区域中，但实际情况往往不是这样。真实的网络连通结构对网络设计增加了特定的需求和约束，也对协议选择和协议的参数设定等起到关键作用。

可以用地理路由的例子来具体解释拓扑识别的意义。地理路由[56-60]也称为几何路由或基于位置的路由等。地理路由因其简单性和低开销性成为传感器网络中关键的路由技术。地理路由使用节点的位置作为路由地址。每个节点以贪婪的方式将数据包传给与目标距离最近的邻居。当网络稠密均匀地部署在没有洞的区域中时，地理路由效率很高，生成的路径通常与最短路径很接近。但当网络太稀疏或网络部署区域很复杂时，将导致网络中出现路由空洞，贪婪传输会遭遇局部极小，也就是当前节点由于没有与目标距离更近的邻居节点而导致贪婪路由失效。地理路由避免路由空洞的主要办法是从通信图中抽取平面子图，当遇到路由空洞时采取面路由策略。

面路由策略可以使消息从局部极小中恢复出来，但在实际执行中也面临很多挑战。首先，当网络部署区域有形状不规则的边界，或包含较多洞等较为复杂的几何特征时，地理路由中的绕面操作将会频繁进行。一方面，绕面操作需要很高的开销来建构平面图用以消除链路；另一方面，它使洞边缘上的节点负载过重而耗电过快，因此洞变得越来越大。地理路由的这些实际挑战主要是因为在几何特征复杂的网络中,节点间的几何距离并不能很好地反映网络的连通距离,即地理上接近的两个点在网络中的跳数距离却可能很大。良好的路由拓扑结构应该不仅能够抽象几何上的局部邻近性,而且应更好地反映整个网络的拓扑特征。在这样的情况下,对网络空洞等拓扑特征的识别成为重要的研究问题。拓扑识别技术可以检测和定位网络中的空洞,进而使设计者可以根据网络的拓扑特征,对路由策略的选择进行相应的调整以适应网络的实际连通结构。在这方面已经开展了许多成功的应用,包括实现高效的和负载均衡的路由机制[56-58,61]等。比如文献[56,58]设计基于虚拟坐标的几何(或地理)路由机制。虚拟坐标系统能更好地反映网络的连通结构,从而使贪婪路由有更高的成功率。这些虚拟坐标系统的实现都依赖于对网络边界结构的识别。因此,拓扑识别对于这些路由机制的实现至关重要。

除了路由之外,拓扑识别对其他许多基本的网络功能也具有重要意义,包括感知覆盖[62-67]、网络定位[68-69]、网络安全和数据聚合等。在传感器网络的事件感知与监控的重要应用中,检测感知空洞的边界能够反映网络的覆盖质量,同时也为覆盖调度算法提供了必要的信息[66-67,70];拓扑识别技术也可用来识别事件区域的结构,用以定位和追踪特定事件[71]。拓扑识别是测距无关的节点定位[68-69]和网络分割[72]等基本网络服务的前提条件。测距无关的节点定位需要基于网络边界选取合适的参考坐标点[69],或利用边界节点对网络其他节点间的跳数距离进行校准来改进定位精度[68]。识别网络的拓扑结构对网络的健康状况有重要帮助。由于传感器网络无人值守的特点,传感器网络容易受到很多的拓扑攻击,包括网络分割攻击[73]、干扰攻击[74]和虫洞攻击[75]等。这些攻击对网络拓扑结构产生了显著影响。拓扑识别技术可以有效地检测这些攻击。此外,识别网络部署区域的全局拓扑对网络数据采集、处理、存储、查询等也有重要的指导意义。比如在具有瓶颈区域的网络中,应该在瓶颈区域执行更多的数据聚合和在网处理,使得流过瓶颈区域的数据流降低。理解网络的全局结构对基站的合理部署也有重要指导意义。基站作为数据处理和存储中心,其合理的放置可以减小节点到基站的平均跳数距离。

相对于拓扑识别问题,拓扑构建问题包含的内容更为广泛。传感器网络对信息采集、处理与传输都需要构建相应的拓扑结构作为基本保障。设计覆盖拓扑和通信拓扑是传感器网络拓扑构建中最重要的两方面问题。覆盖拓扑问题研究通过节点间的协作感知实现对物理信息的有效获取。通信拓扑问题侧重于优化节点间的通信连接,使得网络采集的信息能够高效安全地传送给汇聚节点。

构建高效的网络拓扑结构对网络的生存时间、路由协议的效率、网络安全与故障诊断等都具有重要意义。拓扑构建问题是传感器网络研究中的核心问题。

1.2.2　研究挑战

在传感器网络中,空间分布、能力受限的节点以自组织的方式,合作地完成对环境信息的监控。同许多无线自组织网络相比,传感器网络有着更严格的资源限制和更少的基础设施支持。传感器节点的空间部署特征非常显著。有无节点的位置信息对于传感器网络的拓扑结构的设计产生根本的影响。目前,传感器网络中与拓扑结构相关的大部分研究工作均基于已知节点精确位置信息这一理想假设。比如,在覆盖拓扑和通信拓扑的研究中,大量的研究工作依赖于节点精确坐标来建构覆盖和通信结构。节点的精确位置信息简化了算法设计的难度。但严格依赖节点的位置信息也限制了这些技术的实际可用性,因为获取精确位置信息在大规模传感器网络中往往很困难。

获取精确位置信息的困难性主要有如下原因。首先,传感器网络通常随机部署在监测区域,节点的位置信息难以通过预先设定或手动配置方式实现。通常考虑的场景是采用飞机投放等方式将传感器节点随机部署到指定的监测区域中,因此每个节点无法事先知道自身位置。另外,传感器网络通常大规模部署于恶劣或敌对环境中,人工配制每个节点的位置信息也不现实。同时人工配置影响网络的部署和启动时间,这也违背传感器网络的自组织原则和设计目标。因此,获取位置信息主要依赖网络定位技术。

定位的实现主要有两种途径:第一,每个节点装备 GPS 设备;第二,少量的节点装备 GPS,其余的节点装备能够测量节点间距或者夹角等信息的相关设备,通过网络化的定位算法计算每个点的确切位置。对于第一种途径,以目前的技术水平,考虑到定位设备的尺寸、能耗、造价等因素,在资源受限的传感器网络中,每个节点都装备 GPS 还不太现实。第二种途径也面临很多实际问题。首先,各种测距手段均有误差,定位算法由于累积误差和无法判明的模糊情况的增长等因素,定位效果受到极大的影响,最终实现的位置误差可能非常大[76-77]。其次,即使精确的测距信息可以获得,网络也不一定是可定位的,即获得网络中所有节点的位置。一方面,可能由于网络测距图本身在理论上就是不可定位的;另一方面,即使理论上网络是可定位的[78],定位的计算问题仍然是 NP 难的[79],即一般意义上讲,定位过程的计算复杂度是非多项时间的。

不依赖于位置信息的拓扑结构研究方法可以极大地提高系统在位置信息无法获取或误差很大情况下的可用性,成为近年来拓扑结构相关技术研究的热点方向。

不依赖于位置信息的拓扑结构研究也面临重大挑战。首先是信息受限。在没有节点位置信息的情况下,算法设计可用的主要信息就是网络连通性以及刻画连通性的各种图模型(比如单位圆盘图等模型等)。从抽象层面讲,通信模型仅能反映连通图的局部特征,而位置信息则是具有全局性的信息。许多涉及网络全局性的拓扑结构问题(比如定位网络空洞),在给定全局性的位置信息时,往往容易设计有效的算法;但在仅有连通信息和图模型时变得很难处理,有时甚至是不可能的。比如在仅知道网络连通图符合单位圆盘图模型情况下,要计算全网的有效嵌入(节点可能的位置)是 NP 难的[80]。不依赖于位置信息的拓扑结构研究需要对网络连通性进行深入分析,并利用特定拓扑问题自身的特点,以期从网络连通性和相关约束中挖掘出反映全局性的特征和性质。

其次是研究方法和理论工具受限。在没有位置信息的情况下,传感器网络研究通常采用的纯计算几何方法将无法使用;而单纯的图理论方法虽然适用于仅有连通信息时的算法设计,但往往由于过于具有一般性,缺乏对传感器网络的几何特性的充分利用。最近,基于代数拓扑学的一些方法被引入传感器网络的拓扑识别与构建研究中来,并取得了一定的成果[59, 63, 81]。代数拓扑学为研究网络连通图的拓扑性质提供了有效工具,同时又与网络的几何实现紧密关联,有望成为传感器网络拓扑分析与设计的有效工具。但代数拓扑学方法通常需要全局的连通关系和集中式的计算,在有效的分布式算法设计方面仍进展有限,所以在传感器网络中的应用还有很多限制。总之,过于依赖几何化的方法在无位置信息时无法使用,而单纯的图论和拓扑学方法效能也受限。如何结合几何、图论和拓扑学的技术,建立有效的拓扑分析工具,进而设计高效的不依赖位置信息的分布式算法,是当前拓扑问题研究面临的重要挑战。

1.3 研究内容

传感器网络中的拓扑问题研究可分为拓扑识别和拓扑构建两类。本书以提高方法的可用性和效能为目标,针对已有工作不足之处,系统地研究了不依赖于位置信息的拓扑识别与构建中的一些重要问题。在拓扑识别部分,本书致力于从网络连通信息中挖掘网络的几何和拓扑特征。在拓扑构建部分,本书致力于设计基于连通信息的覆盖和连通拓扑结构。在拓扑识别与构建的研究过程中,本书将不依赖位置信息的算法设计作为贯穿始终的目标。图 1 - 2 显示了本书的研究内容及相互关系。在拓扑识别部分,本书首先在第三章研究了低维拓扑特征的识别,提出细粒度的边界

图 1 - 2 本书研究内容

识别算法来定位平面网络中的空洞;然后在第四章研究高维拓扑特征的识别,深入分析虫洞对网络宏观拓扑结构带来的影响,并提出基于识别高维拓扑空洞的虫洞检测算法,用以检验节点间真实的邻居连通关系。在拓扑构建部分,本书首先基于边界识别的结果,在第五章研究面向覆盖应用的拓扑构建技术;接下来基于节点间邻居连通关系,在第六章研究面向网络监控应用的拓扑构建技术。在所有这些拓扑问题的研究过程中,本书将创建不依赖节点

位置信息的拓扑技术、设计基于连通性信息的分布式算法作为贯穿始终的目标。

本书受国家重点基础研究发展计划（973计划）"无线传感器网络的基础理论及关键技术研究"（项目编号2006CB303000）的支持，主要贡献和创新点如下：

（1）不依赖位置信息的细粒度边界识别

不依赖位置信息的边界识别是传感器网络中拓扑识别的核心问题。现有的方法[59, 82-85]从识别质量来讲都是粗粒度的方法。这些粗粒度的方法不能回答网络空洞的数目和位置等边界识别问题所关心的重要目标。本书致力于设计不依赖位置信息的细粒度边界识别算法。首次提出仅利用连通性信息且可分布式执行的细粒度的边界识别算法。从拓扑学的角度对网络边界进行了形式化的定义；设计了有效的图理论工具FGP变换；并基于该变换提出边界识别的分布式算法；该算法能对每个网络边界明确地输出有意义的边界环，实现对网络边界的细粒度定位；证明了算法设计的正确性并通过大量的仿真实验验证了算法的性能。

（2）不依赖位置信息的虫洞拓扑识别

在研究了对网络平面空洞这一低维拓扑特征的识别之后，本书进一步研究从网络中识别异常的高维拓扑特征，即网络由于遭受虫洞攻击而产生的拓扑异常。虫洞攻击是无线自组织与传感器网络中严重的网络攻击[86-88]。现存的虫洞检测方法都需要依赖于专业的硬件设备或对网络设定很强的假设条件，使得这些方法在资源受限的传感器网络中的适用性受到制约。

本书致力于从传感器网络的拓扑结构中分析虫洞攻击的拓扑影响。本书设计了拓扑学方法来捕捉由虫洞导致的根本的网络拓扑背离现象，进而通过追踪这些异常现象的根源来定位虫洞。本书的方法仅利用网络连通性信息,可分布式执行,且不需要任何特殊的硬件设备,也不需对网络设定更多的额外假设,不需要节点位置的已知性、网络时间的同步、单位圆盘图通信模型或是专门的警卫节点等之前方法所需的条件。

(3)不依赖位置信息的覆盖拓扑构建

基于边界识别发现的网络边界,本书研究调度网络内部节点构建面向覆盖应用的拓扑结构。构建感知覆盖拓扑是拓扑构建中的重要问题,也是无线传感器网络中重要的研究问题。本书通过建立不依赖位置信息的图理论框架,首次实现了基于连通性信息的粒度可配置的分布式覆盖模式。具体来讲,本书建立了新的图理论准则,判定完全或部分覆盖。该准则通过引入新的环分割技术,既保证覆盖的充分性,又提供了灵活的可定制性。本书提出稀疏覆盖集的分布式调度算法。该算法具有许多良好特性,包括仅使用局部的连通性信息测试覆盖冗余性,不受限于单位圆盘图模型,提供按需的可配置的覆盖粒度。本书通过理论分析证明了方法的正确性,并通过大量的仿真实验展示方法的有效性。

(4)不依赖位置信息的自监控拓扑构建

本书最后研究面向安全应用的拓扑构建。本书的目标是设计一种链路自监控拓扑结构,使得网络中的每条通信链路都能够被网络中一些其他节点所监控。本书证明,即使在有节点位置信息的单位盘图模型中,构造最优的自监控拓扑问题也是 NP 完全的。本书在不同的图模型下,对问题的理论可近似性进行了透彻分析。本书在依赖位置信息的情况下,设计出 PTAS 近似算法和简单有效的分布式算法。本书通过理论分析证明方法的正确性,并通过广泛的模拟实验检验算法的有效性。

1.4 组织结构

本书共分七章,组织结构如下:

第一章为绪论,介绍传感器网络的基本概念、特点、应用以及研究现状。分析传感器网络中拓扑结构的研究意义和挑战,并简述本书的研究内容和组织结构。

第二章为相关研究,对拓扑识别与构建的相关问题进行了全面系统的介绍,分析了现有工作的特点和适用范围。

第三章研究不依赖位置信息的细粒度边界识别问题。提出了网络连通拓扑的边界形式化的定义,设计了细粒度的、基于连通性信息的、分布式的边界识别算法。

第四章研究不依赖位置信息的虫洞拓扑识别问题。描述了一般化的虫洞定义,深入分析了虫洞对网络拓扑的冲击;并根据虫洞的拓扑影响对其进行分类,提出仅基于连通性信息的分布式虫洞检测方法。

第五章研究不依赖位置信息的覆盖拓扑构建问题。提出实用的图理论框架解决基于连通性的覆盖拓扑构建问题;探索出基于连通行信息且粒度可调的覆盖拓扑的分布式构建方法。

第六章研究不依赖位置信息的自监控拓扑构建问题。研究如何构建具有自监控能力的最优化的通信拓扑结构;对问题进行了形式化描述和复杂度分析,提出基于连通性信息的有近似比保证的分布式算法。

第七章总结全文并展望未来的工作。

最后是参考文献。

第 2 章 相关研究

拓扑问题是传感器网络研究中的重要问题。传感器网络对信息的采集、处理和传输都需要有效组织的拓扑结构作为基本保障。拓扑问题作为当前的热点研究问题,已经开展了大量的研究工作。本章首先介绍传感器网络中拓扑问题的基本概念,然后从拓扑识别和拓扑构建的角度对与本书研究工作相关的拓扑问题进行分类和分析。

2.1 拓扑问题的基本概念

一般意义上讲,传感器网络的拓扑结构可以宽泛地理解为节点间的一种组织关系或模式。节点的层次式分组(或分簇)结构、网络的虚拟骨干结构、路由树、连通覆盖集、数据聚合树及网络空洞的边界等都是传感器网络中拓扑结构的具体例子。每种拓扑结构可以视为建构在传感器网络之上的具有一定抽象层次的逻辑结构。对拓扑结构的理解和组织有助于设计高效的协议,是传感器网络众多应用和协议需要处理的核心问题。本章首先对拓扑结构进行分类,然后介绍基本的图模型和术语。

2.1.1　拓扑结构的分类

从不同角度可以将拓扑结构分为不同的种类。从节点角色划分的角度可以将拓扑结构分为平坦型结构和层次型结构。平坦型结构将节点视为具有相同功能角色的对等实体；而层次型结构对节点的角色有不同的划分。比如在分簇结构中节点被分为簇头和簇成员。

从节点间关联关系的效用范围看，可以将拓扑结构分为局部型结构和全局型结构。局部型结构的建立和改变仅涉及网络局部节点。比如各种邻近图 RNG 图（Relative Neighborhood Graph）、GG 图（Gabriel Graph）等仅需局部的邻居关系就可以确定，所以是局部型结构；而最短路径树、最小支配集等则是全局型结构。由于传感器网络具有固有的几何特性，拓扑结构的研究往往需要结合几何和组合图论两方面的技术。按照拓扑结构对几何或图模式的依赖程度可以将拓扑结构分为几何型结构和组合型结构。比如树、独立集、支配集、分簇等结构可以完全不依赖几何信息，从组合图论的角度描述和构建，所以这样的结构是组合型结构；而几何型结构则一定要基于几何的位置或距离等信息进行构建和分析，比如 Voronoi 图、Delaunay 三角剖分等。组合型结构往往可以利用几何约束获得更好的性质。比如，在一般图中寻找最大团（clique）问题是 NP 完全的，但在有几何表示的单位圆盘图中则是多项式时间可解的问题[89]。所以传感器网络中对组合型结构的研究需要充分利用网络的几何特性。

从产生方式的角度划分，拓扑结构又可以分为构建型结构和识别型结构。大部分结构是通过节点间的合作构建出来的，比如树、分簇等都是构建型结构。而有些结构则已经出现在网络中，需要把它们识别和抽取出来以反映网络的特征，比如网络空洞的边界、网络中的每个连通分支、网络中异常的拓扑结构等。

2.1.2 图模型

最经典的模型称为单位圆盘图（Unit Disk Graph，UDG）[90]，如定义 2.1 所述。该模型考虑节点部署在平面上无障碍的环境中，节点装备同构的全向无线收发天线，两个节点间可以通信当且仅当它们在相互通信的范围内。通信范围可归一化地表示为单位长度。

定义 2.1　单位圆盘图。给定网络连通图 $G = (V, E)$，以及从节点 V 到二维平面坐标 $\mathbb{R}^2$ 的映射 $\varepsilon: V \to \mathbb{R}^2$，如果对于 V 中任意的两点间有边当且仅当它们对应坐标之间的距离不大于 1，即 $\forall u, v \in V, \{u, v\} \in E \Leftrightarrow \|\varepsilon(u)\varepsilon(v)\| \leqslant 1$，则图 G 是单位圆盘图，映射 ε 是 G 的单位圆盘图嵌入或实现。

单位圆盘图长期以来一直是无线自组织与传感网络中几何分析的主要模型。该模型反映了无线通信的局部化几何特征，对算法的设计与分析有重要的指导作用。当然，单位圆盘图也是比较理想的，因为现实中的信号传播可能由于干扰和障碍阻挡等原因会较大地背离该模型。所以也有很多介于单位圆盘图和一般通信图模型之间的其他连通模型被提出来。比较有代表意义的是准单位圆盘图（Quasi Unit Disk Graph，QUDG）模型，它是对单位圆盘图的一般化推广，如定义 2.2 所述。单位圆盘图可以看成是参数为 1 的准单位圆盘图。

定义 2.2　准单位圆盘图。给定网络连通图 $G = (V, E)$，常数 $\rho \in (0, 1]$ 以及映射 $\varepsilon: V \to \mathbb{R}^2$，若 $\forall u, v \in V, \{u, v\} \in E \Rightarrow \|\varepsilon(u)\varepsilon(v)\| \leqslant \rho$ 且 $\{u, v\} \notin E \Rightarrow \|\varepsilon(u)\varepsilon(v)\| > 1$，则图 G 是 ρ 准单位圆盘图，映射 ε 是 G 的 ρ 准单位圆盘图嵌入或实现。

单位圆盘图和准单位圆盘图是传感器网络中最为常用的模

型,也与本书研究内容紧密相关。从不同的建模角度来看,还有许多其他模型,这里不一一讨论,具体可参见文献[91]。如果给定单位圆盘图,且知道图中每个点的位置,即图的一种有效嵌入,称之为有几何表示的单位圆盘或几何单位圆盘图。相对地,如果给定单位圆盘图而并不知道每节点的位置,则称该图为无几何表示的单位圆盘图或组合单位圆盘图。组合单位圆盘图的有效嵌入也可能理解为图在平面上的一种直线画法,即两个点中有直线边当且仅当边的两个顶点间的距离不大于1。

2.2　拓扑识别问题

传感器网络通常无人值守,部署在大规模目标区域内。由于部署环境的限制、部署的随机性、节点的功能故障、外界的破环等因素,网络拓扑结构中可能出现各种从简单到复杂的拓扑特征,比如被分割为多个不连通的子区域、出现覆盖或路由空洞等。对这些拓扑特征的识别是分析网络性能和优化协议设计的基础。本节介绍当前拓扑识别中的主要研究问题。首先介绍研究最广泛的边界问题,然后介绍网络形状识别和其他拓扑异常识别。

2.2.1　边界识别

边界识别是传感器网络中拓扑识别的重要研究内容。边界识别的一般目标是抽取网络中有意义的结构来捕捉感兴趣区域的网络,这些区域可能是通信空洞、感知覆盖空洞或特定的事件区域等。如图 2-1 所示,图中细线表示通信关系,圆盘表示节点的感知区域,粗线表示位于网络感知覆盖区域的边界上的节点形成的边界环结构。边界识别为许多基本网络功能(包括路由、覆盖、定位等)提供技术支撑。作为一种基本的网络服务,边界识别技术通常尽量减少对其他网络功能的依赖。边界识别问题的研究绝大部分不依赖节点位置信息,而着重于设计基于连通性信息的边界识别算法。早期的工作只有少数研究已知节点精确位置或精确测距和夹角等情况下的边界识别技术,比如 Fang 等人[57]基于受限 Delaunay 图识别路由空洞的边界,Zhang 等人[92]基于局部 Voronoi 图抽取覆盖空洞的边界。

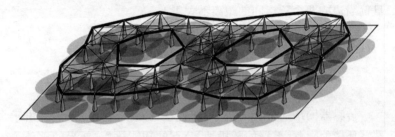

图 2-1　边界识别问题示例

下面对目前基于连通性信息的边界识别算法进行具体介绍。根据方法的主要思想,本书将它们分为局部邻域法和全局拓扑法。局部邻域法主要通过观察节点在局部邻域内的某些属性来判断节点是否落在网络的边界上;全局拓扑法利用网络全局的几何和拓扑的特征来检测边界。

2.2.1.1　局部邻域法

Fekete 等人提出基于节点密度识别网络边界的方法[93, 94]。其主要思想是利用边界节点的邻居数比网络内部节点的邻居数少这一观察来区分边界节点。该方法在单位圆盘图通信模型下,基于概率统计建立区分节点度的域值。该方法需要节点以极大密度(>100)均匀部署,这在很大程度上限制了该方法的实际可用性。Kroller 等人[84]和 Saukh 等人[85]提出利用邻居关系包含的组合结构来识别边界的算法。具体来讲，Kroller 等人[84]基于 $\sqrt{2}/2$ 准单位圆盘图模型，提出基于称为 flower 图结构的网络内点判定规则。此方法的不足之处是 flower 结构通常需要在高密度大规模的网络中构造，而在稀疏网络中可能会失效。注意到这一点，Saukh 等人[85]进一步对 flower 模式的种类和构造方式进行扩展，改善了此类方法在稀疏网络中的识别能力。

局部邻域法的共同特征是识别出的边界由离散的网络点构成，即网络内部点的补集。识别出的离散边界点虽然通常位于边界附近并形成比较宽的边界点带[85, 93]，但边界检测的目标需要区分和定位不同的边界，所以这些方法还需要进一步在边界点带中分离并抽取对应每个边界的点集。

后续的边界分离和抽取操作的可行性需要两个前提条件。第一，不同的边界点带不能太近，否则不同边界对应的节点集将重合，在没有位置信息时很难分离出正确的边界环。因此该类方法隐含或明确地假设网络内部的洞都较大且相距较远，比如文献[93]的作者就明确假设网络区域的内部宽度(fatness)的最小下限。第二，洞必须充分大，否则由于边界点带较宽会使较小的洞隐藏在其中而无法区分，因此不可避免地忽略对小洞的检测。洞必须较大的另一点原因是，在基于图模式的方法中[84-85]，各种图模式都是由小的无弦环拼接而成的，这使该类方法从本质上无法区分正常的无弦环和小洞边界。

2.2.1.2　全局拓扑法

此类方法通过分析网络空洞对网络全局拓扑结构的影响来识别边界。Funke 等人[82-83]和 Wang 等人[59]的方法将网络视为其所部署区域的离散采样，用网络跳数距离近似几何距离，从而将连续域中边界的性质对应到离散网络中。Funke 等人[82-83]提出基于等值线断裂的方法，其核心思想是检测等值线在边界处的断裂现象。该方法的主要优势是简单且容易分布式实现。不足之处主要有如下几个方面。第一,该方法仅输出离散的边界点,而不是连续的边界环;从离散的、通常并不连通的边界点集中,实际上无法区分哪些点处于同一边界,以及获取网络中有多少洞等这些更有意义的信息。第二,该方法很难正确识别小洞,因为仅当等值线遇较大洞时该方法所依赖的等值线断裂现象才会出现,较小的洞则被淹没在等值线中无法区分。此外,该方法需要较高的节点密度(>20)。

Wang 等人[59]提出基于边界路径同伦的方法。比较而言,Wang 的方法需要更低的节点密度(>10),并能输出连续的边界环来区分每个边界。Wang 等人[59]的方法的主要思想如下:在连续平面域内,与给定基点间存在至少两条不同最短路径的所有点形成割迹,割迹由割线分支构成。该算法利用割迹的特有属性,即通过每条割线分支能够发现一条不可收缩的环路,优化这些环路,进而发现网络的边界。该方法的不足之处是很难在离散的网络中分布式实现。其中一个主要原因是该方法需要从割迹中分离出每个割线分支,而这往往非常困难甚至无法实现。分离割线分支的操作,在网络中有数量较少且摆放良好的大洞的情况下是可行的,比如当网络区域仅包含一个大空洞时,割迹就非常简单,且仅包含一个割线分支。但是在包含多个洞的网络中,割迹的结构通常非常复杂,可能由很多独立的连通构件组成,而每个连通构件又可能由多个割线分支组成。在离散的网络中,不依赖位置信息正确地分离这些割线分支几乎是不可能的。本书在3.5.1节给出具体例子解释这种情况。

此外,Ghrist 等人[63, 81]提出基于代数拓扑学同调论的感知覆盖空洞检测方法。该方法将节点的感知区域建模为等大圆盘,并根据通信半径和感知半径间的关系,将网络的覆盖区域建模为Rips 复形(Rips complex),进而通过计算 Rips 复形的一阶同调群来检测覆盖空洞。Ghrist 等人[63,81]方法的优势是能够在不需要节点位置信息的情况下检测网络空洞的准确数量。不足之处是该方法需要纯集中式的计算,很难应用到大规模无线自组织与传感器网络中。更重要的是该方法不能定位覆盖空洞的具体位置,即不能发现围绕每个空洞的边界环。这主要是因为当网络中包含多个洞,且没有几何信息的情况下,同调群的生成子(generator)能由多种组合方式构成,使得一个空洞可能被多个环包围,或一个环包含多个洞,采用该方法无法正确地定位空洞边界。

2.2.2 形状与骨干识别

2.2.2.1 网络形状划分

Kroller 等人[84]和 Zhu 等人[72]提出基于网络形状划分对网络整体形状理解的方法。Kroller 等人在边界识别的基础上提出将网络划分为地理上接近的一些简单区域(clustering)。Zhu 等人进一步明确提出基于连通性信息将复杂形状的网络区域划分成一些形状规则的小块。他们的目的是通过对网络进行规则划分,使需要依赖网络均匀分布在无洞区域的路由算法可以在每个子块区域内良好运行。但 Zhu 等人的划分算法生成的小块区域包含非凸的子区域,仍可能使贪婪路由产生局部极小。Tan 等人[95]进一步改进Zhu 等人的方法,提出对复杂形状的网络进行凸划分的有效方法。

2.2.2.2 网络骨干识别

Bruck 等人[58]提出了基于连通性信息识别网络中轴结构(MAP)的方法。中轴结构反映了网络整体的骨干结构。Bruck 等人基于中轴结构提出一种新的中轴路由机制。在中轴路由中,网络节点通过中轴结构获取自己的逻辑坐标,并基于中轴进行路由。

中轴路由充分利用了网络部署区域的全局拓扑的路由导航作用，使得路由的负载更加均衡。中轴结构被定义为网络中满足如下条件的节点子集：对于中轴上每一点，在边界点集中存在两个点到该点的最小距离相同。所以网络中轴结构的构造依赖边界识别技术，首先找出网络的边界点。Bruck 等人基于最短路径树获得的中轴结构实际效果往往并不好，无法保证抽取的中轴骨干图是连通的。Jiang 等人[96]进一步提出改进的机制，可以保证识别出高质量的连通中轴。

Funke 等人[97]提出基于连通性信息抽取的网络宏观草图（sketching）结构的方法。该方法的主要思想如下。

在网络中均匀地选取一些采样点（landmarks），剩余节点根据到采样点的跳数距离被划分为不同的集合，每个集合形成一个Voronoi 子区域。该过程可以理解为在连通图中进行离散版本的Voronoi 划分。基于采样点和 Voronoi 子区域间的临界关系，该方法进一步构造出组合 Delaunay 图（CDM）。组合 Delaunay 图在 ρ 准单位圆盘图（$\rho \geqslant 1/\sqrt{2}$）中确保为平面图。该方法通过使用简单的分布式机制，从网络连通图中抽取能较好反映网络宏观几何和拓扑特性的平面图。

2.2.3 拓扑攻击识别

网络中的各种攻击对网络连通拓扑能产生显著影响。识别由攻击造成的拓扑异常也是拓扑识别的重要研究内容。本小节主要介绍对分割攻击和虫洞攻击的识别。

2.2.3.1 分割攻击识别

Shrivastava 等人[73]首先提出网络线性分割的攻击检测问题。考虑平面上有 n 个节点的传感器网络，如果攻击者沿着一条直线将网络分割为两部分,从网络中分离出 ε 部分的节点 $0 < \varepsilon < 1$,即 εn 个节点,从而使 εn 个节点不能同余下的网络连通,则称该网络分割攻击为 ε 线性分割。Shrivastava 等提出基于几何 VC 维(VC-dimension[98])和 ε 采样(ε-nets[99])理论的网络 ε 线性分割检测方法。该方法仅需从网络中采样 $O(1/\varepsilon)$ 数量的节点就可以高概率检测出 ε 线性分割。但该方法仅限于检测线性分割。Moallemi 等人[100]进一步设计出可以检测 VC 维较低形状(圆形、椭圆形、矩形等简单形状)的网络分割的概率采样方法。

2.2.3.2　虫洞攻击识别

虫洞攻击是无线自组织与传感器网络对网络拓扑产生严重影响的攻击[86-88]。在虫洞攻击中,攻击者在网络中相距较远的两个地点间建立优质高速的虫洞链路,使虫洞两端节点间能够通过虫洞直接传输数据包。虫洞攻击极大限度地危害了网络中的各种协议和功能,包括路由、定位、拓扑控制等[88]。自虫洞攻击在无线自组织网络中被提出以来[86-88],围绕虫洞攻击的攻防问题一直是非常活跃的研究领域,引起了众多知名学者的关注,提出了多种多样的方法。目前的方法很大程度上都是基于分析虫洞在网络中引起的某些症状来相应地设计检测方法。这些方法基于不同的假设,有各自的优缺点,其可用性与系统配置和应用紧密相关。

下面基于各种方法利用的虫洞异常现象,对目前的虫洞检测方法进行分类介绍。

第一类方法基于欧氏距离异常现象。Hu 等人[88]提出基于地理位置的包约束方法。该方法在每个数据包中添加发包节点的位置信息,后续节点根据位置信息逐跳地检验通信链路所跨越的欧氏距离来判定是否允许包的传输,从而限制并检测虫洞。Wang 等人[101]进一步将逐跳检验扩大到限制发送源到目标节点间端到端的距离。Zhang 等人[102]提出基于位置的相邻关系认证模式来定位虫洞。此类方法需要节点预先知道正确的位置信息,才能捕获虫洞引起的欧氏距离异常现象。

第二类方法基于通信时间异常现象。Hu 等人提出基于时间的包约束方法。该方法假设全网时间高度同步,从而检测出数据包由于通过虫洞传输而带来的延迟。Capkun 等人[103]进一步提出称为 SECTOR 的方法。该方法通过测量数据包传输的往返时间(RTT)来检测虫洞延迟,因此消除了对精确时钟同步的依赖。但该方法需要依赖专门的硬件,以确保单位位宽的查询响应消息能够在无 CPU 介入的情况下快速完成。Eriksson 等人[104]提出另一种基于 RTT 的方法,称为 TrueLink。该方法主要在相邻节点间进行大量包(nonces)传输,并对包内嵌入的时间戳信息进行验证。该方法通过修改标准的 IEEE 802.11 协议对方法的有效性进行了验证。但鉴于该方法对通信能力的要求,目前还不清楚在硬件资源受限的传感器网络中的应用效果。

第三类方法基于邻居关系异常现象。Hu 等人[105]假设网络节点装备定向天线,并利用天线的定向性在物理信号传输层检测不可能的虫洞通信链路。Khalil 等人[106]提出 LiteWorp 方法,该方法假设在虫洞攻击发生前,有一段不受攻击的安全网络环境时间。该方法的主要思想是在未受虫洞攻击的安全网络环境中,每个节点收集和记录所有可能的合法的两跳邻居信息,以此作为有效的非虫洞链路,然后选择一些节点作为警卫节点来监听不合法的通信链路。此后,Khalil 等人[107]进一步提出 MobiWorp 进改进 LiteWorp 方法,主要是通过增加位置已知的移动节点来提高检测性能。

第四类方法基于通信模型异常现象。Poovendran 等人[108]提出一种几何图理论框架来处理虫洞。该方法假设网络中存在一些具有极大信号发送半径的警卫节点,从而警卫节点到普通节点间直接的有向通信链路隐式地形成一个几何图,而虫洞链路将破坏该图的性质。Wang 等人[75]利用图可视化技术来检测虫洞。该方法通过多维标度（MDS）方法重画网络连通图。该方法首先测量相邻节点间的距离，然后中央控制器节点收集这些测距信息并绘出网络的布局，从而检测由虫洞引起的网络卷曲特征。文献[109]提出一种仅利用网络连通性的完全局部化的虫洞检测方法。该方法将网络建模为单位圆盘图，并利用单位圆盘图嵌入问题中的填充数禁止属性来检测虫洞。该方法在均匀部署的单位圆盘图中执行简单且具有较好的检测效果。该方法的主要限制是必须严格依赖单位圆盘图模型假设，但实际的通信模型往往与单位圆盘图有较大差距。在非单位圆盘图模型下，填充数禁止属性的理论门限值会变得很大甚至没有上限，使得该方法不能准确地检测虫洞。

第五类方法基于网络信息的统计异常现象。Song 等人[110]分别对正常的和受虫洞攻击网络中的通信链路在路由中使用的频率进行统计分析，并基于虫洞链路具有更高的使用频率来检测虫洞。Buttyan 等人[111]提出统计方法来检测虫洞导致节点邻居数的增加和点对间最短路径长度缩小的现象。该方法利用基站集中地对正常网络情况进行预先的统计分析，进而通过统计假设检验来检测虫洞。

2.3　拓扑构建问题

拓扑构建问题主要研究构造优化的网络拓扑结构，在实现期望的网络连通和覆盖质量的同时，提高网络的能量有效性，以延长网络生命周期为主要目标，同时兼顾负载均衡、可靠性、实时性、安全性、可扩展性等性能指标。虽然传感器网络与应用紧密相关，不同应用对拓扑结构的需求不尽相同，但一般来讲，覆盖和连通是传感器网络拓扑结构设计需要考虑的首要问题。本节主要从这两方面介绍相关的概念和结论。

2.3.1 覆盖拓扑构建

传感器网络是集信息采集、处理和传输为一体的网络。构建覆盖拓扑是信息采集的基本前提技术,信息获取的完整性和有效性需要相应的覆盖技术作为保障。覆盖质量是传感器网络服务质量的重要度量指标。因此,覆盖问题是传感器网络中的重要研究内容。本小节介绍与覆盖拓扑构建相关的研究工作。为了对传感器网络覆盖问题有一个全面的认识,首先介绍覆盖问题的分类,然后讨论与本书研究相关的不依赖位置信息的覆盖拓扑构建问题的研究现状。

2.3.1.1 覆盖问题分类

下面从系统需求和系统假设这两个角度对覆盖进行分类介绍。

(1)系统需求的角度

根据需要覆盖对象的不同,覆盖问题可以分为区域覆盖、点覆盖和栅栏覆盖(barrier coverage)。区域覆盖研究对目标区域的覆盖问题,点覆盖研究对一些离散的目标点的覆盖问题,栅栏覆盖研究移动目标穿越网络部署区域被检测的概率问题。相对而言,对区域覆盖的研究较多。

根据需要覆盖强度的不同,覆盖问题可以分为 k 覆盖、1 覆盖和部分覆盖。如果覆盖目标中的每点都至少被 k 个传感器节点监测,则称网络是 k 覆盖的。通常研究主要集中于目标区域的每一点至少被一个节点覆盖的情况,即 1 覆盖。因为实现对区域的完全覆盖代价比较高或比较困难,所以有些工作也研究部分覆盖,即对一定比例的部分目标或区域的覆盖。

根据需要覆盖的确保度(guarantee)程度,覆盖问题可以分为确定(deterministic)保证的覆盖和概率保证的覆盖。确定保证的覆盖可以在时间和空间两个维度确定地实现期望的覆盖质量。概率保证的覆盖又可分为统计(statistical)保证的覆盖和渐进(asymptotic)保证的覆盖。统计保证的覆盖主要研究在时间维度上对节点覆盖时间进行调度,以实现对覆盖质量的统计保证;渐进保证的覆盖主要研究在空间维度上,当网络随机部署的节点数趋于无穷大时,对目标区域的覆盖质量的概率保证。

(2)系统假设的角度

根据假设节点部署方式,覆盖问题可以分为确定部署覆盖和随机部署覆盖。确定部署覆盖假设每个传感器节点可以部署在期望的位置上,每个节点在部署前就知道自身的位置信息。这种方式通常在可控环境中通过人工配置方式实现。确定部署覆盖问题主要研究节点的规划与放置,用以产生最优的覆盖拓扑结构。这通常转变为一些计算几何问题,比如设施选址问题(facility location problems)[112]、画廊监控(art gallery problem)[113]、圆盘覆盖[114]等。在危险、环境恶劣或大规模部署中,确定部署往往难以实现;节点通常采取随机布撒的方式,节点落在目标区域内的位置具有随机性,因此,节点在部署之前不知道自己的部署位置,这种方式称为随机部署覆盖。随机部署覆盖主要研究当节点的部署满足特定分布时(比如均匀分布、泊松分布等),随着网络规模增大,节点密度等覆盖参数与覆盖质量的渐进关系。此外,根据是否假设节点可以移动,覆盖问题可以分为静止节点覆盖、移动节点覆盖。根据是否假设节点已知位置信息,覆盖问题可以分为位置依赖的覆盖、不依赖位置的覆盖。

2.3.1.2 不依赖位置的覆盖模式

结合上面的术语,本书主要关注在不依赖位置的情况下实现确定保证的区域覆盖。下面首先介绍一些典型的不依赖位置、概率保证的区域覆盖工作,然后讨论不依赖位置、确定保证的区域覆盖问题的研究现状。

(1)概率保证的覆盖模式

Kumar 等人[115]提出随机独立调度机制 RIS 来实现渐进的 k 覆盖。RIS 假设时间被分成同步片。在每个时间片中,每个传感器节点以概率 p 独立地决定是否激活自己,或 $1-p$ 的概率继续睡眠。该工作在网格、均匀随机和二维泊松这三种部署方式中,分析了 RIS 实现渐进 k 覆盖的条件,包括网络节点数 n 趋近于无穷大时节点数 n、感知半径 r、概率 p 以及覆盖度 k 之间必须满足的关系。Wu 等人[116]提出分布式的调度机制 LDAS。该工作假设节点没有位置信息。由于没有位置信息,很难准确地确定节点间是否存在感知区域重叠,该工作的目标是提供统计保证的感知覆盖。LDAS 假设每个工作节点知道在其感知范围内的邻居工作节点。当邻居工作节点超过基于覆盖质量的一个门限值时,该节点随机选择一些邻居节点并给它们发送关闭 ticket。一个节点从邻居收集到足够多的 ticket 时,它将随机睡眠一段时间。LDAS 可以在统计意义下实现期望的部分覆盖。此外,Dousse 等人[117]基于渗流模型研究了在随机部署的网络中检测移动目标节点的时间延迟。Balister 等人[118]从概率分析的角度研究了网络从包含有限大小的洞到不包含洞的连续转换过程,并确定要使覆盖空洞的大小限制在期望范围内,节点随机部署所需要的密度。

（2）确定保证的覆盖模式

Younis 等人[119]提出基于节点间测距信息来实现区域覆盖的节点冗余性判定规则。Bejerano[66]研究基于测距信息的 k 区域覆盖验证问题,提出在最小通信半径至少是最大感知半径两倍的情况下,k 覆盖的验证模式。Kasbekar[67]研究了基于节点间测距信息实现有近似比保证的最大化网络生命周期的覆盖调度算法。在给定节点数为 n、节点最大初始电量为 B 的网络中,该方法可以保证理论上覆盖网络最长的生命期不超过该方法生成的网络的生命期的 $O(\log n \cdot \log nB)$ 倍。以上这些方法虽然假设节点位置信息不知道,但都假设节点间的距离信息为已知。

完全不假设位置信息和测距信息,仅基于连通性的研究工作目前还比较少,其中最有代表性的是 Ghrist 等人[63, 81]的工作。Ghrist 等人的方法将网络建模为 2 单复形。该方法主要利用如下观察:如果感知半径 R_s 和通信半径 R_c 满足一定的条件:$R_s \geq 1/\sqrt{3} R_c$,那么一个连通三角形的顶点保证形成一个不包含洞的覆盖区域;因此通过验证单复形有平凡的一阶同调群,就能确保完全的区域覆盖。连通网络的单复形有平凡的同调群,意味着图上的每条环能够在该空间中(沿着边或三角形)连续地收缩到一个点。

2.3.2　连通拓扑构建

连通拓扑构建主要面向高效的数据传输应用,通过调度传感器节点间的无线通信链路,形成满足一定拓扑属性(连通性、延时等)的网络结构。连通拓扑构建的优化目标主要包括提高网络生命期、降低干扰、增加网络容量等[120]。

2.3.2.1 平坦型结构

平面型结构的构造主要在保持连通性的情况下,通过控制节点的发送功率来简化网络拓扑、节省能量、增加网络生命周期[121]。平面型构建技术可以分为同构型(homogeneous)和异构型(non-homogeneous)两个子类。同构型方法假设所有节点使用相同的发送功率,有相同的通信范围。异构型方法允许节点在不超过最大传输范围内选择不同的发送功率。同构型方法主要研究关键传输半径问题(Critical Transmitting Range,CTR),即当网络节点都使用相同发射功率进行传输时,确定最小传输半径使全网的连通性达到某种属性。异构型方法根据所依赖的信息强弱的不同,又可以分为三个子类方法:基于位置、基于方向、基于邻近性。

(1)基于位置

基于位置的方法假设每个节点知道准确的位置信息。位置信息允许此类方法充分地使用几何属性来控制节点的传输范围。此类方法主要研究传输半径分配和能量有效通信这两大类问题。传输半径分配(range assignment)问题考虑设计网络节点传输范围的分配方案,使生成的网络在保持连通性情况下总能耗最小化;该问题在二维及以上的空间中是 NP 难的[121]。传输半径分配及其各种演化问题的研究主要关注设计有效的近似算法。能量有效通信问题主要研究构造优化连通拓扑,用以减小源节点和目标节点间数据传输的通信代价,主要关注,连通拓扑的失真度(stretch factor)、平面性、节点度,以及是否可分布式构造等指标。能量有效通信问题的相关研究对各种经典图模式进行了大量的分析,并设计了众多具有各种良好性质的新型图结构。著名的图模式包括GG(Gabriel Graph)、RNG(Relative Neighbor Graph)、RDG(Restricted Delaunay Graph)、LMST(Local Minimum Spanning

Tree)、LDel(Localized Delaunay Graph)等。对每种图的详细介绍可参见文献[122]。

(2)基于方向

基于方位的技术假设每个节点能确定来自邻居节点信号的方向。此类中最著名的工作为 CBTC 方法[123]。CBTC 受姚图(Yao Graph,YG)的启发,其基本思想是节点逐渐增加自己的通信半径,直到在每一个角度为 α 的扇形区域中都能够找到一个邻居节点。CBTC 通过证明保证网络的连通的充分必要条件为 $\alpha = 5\pi/6$。

(3)基于邻近

前面的技术需要位置、距离和角度等信息。基于邻近关系的技术不需要这些位置相关的信息,仅需假设节点能够确定邻居的数量。比较著名的工作包括 LINT、k-Neigh 和 XTC 等。LINT[124] 为节点度设定三个参数:上限值、下限值和期望值。每个节点周期地检测邻居节点数,如果高于上限值(或低于下限值),则降低(或增加)发送功率,否则不做调整,从而使节点度数始终维持在期望值附近。但 LINT 不能保证最终获得的网络拓扑结构是连通的。Xue 等人[125]证明了确保网络高概率连通的充分必要条件是节点邻居数 $k \in \Theta(\log n)$,n 为网络节点总数。基于该结果,Blough 等人[126]提出 k-Neigh 方法。k-Neigh 使每个节点调节发送功率,并保持邻居数等于或略小于 k。当 $k \in \Theta(\log n)$ 时,k-Neigh 可以保证网络高概率连通。Wattenhofer 等人[127]提出 k-Neigh 的推广方法 XTC。XTC 将节点的邻居按照某种指标(比如链路质量等)进行排序。XTC 在欧氏图中可以保证只要最大功率图是连通的,其生成的子图就是连通的;进一步在单位圆盘图中,XTC 生成的子图为最大度不超过 6 的平面图。

2.3.2.2 层次型结构

随着网络规模的扩大,平面型拓扑结构可能难以满足网络在可扩展性方面的需求。层次型拓扑结构是解决可扩展性,并便于聚合信息,以近一步节省通信能量的有效手段。在层次型拓扑构建方法中,一部分节点被选出来赋予更多的责任,执行更多的工作,从而简化了大多数节点的功能。层次型拓扑简化了网络拓扑结构,但选出来的高层节点由于执行信息聚合、路由和消息传递,将消耗更多的能量。因此,层次型拓扑的构建往往需要伴随着拓扑维护功能,使节点的角色均匀地轮转来平衡能量的消耗。层次型拓扑构建机制的研究主要分为分簇结构和主干结构两类。

(1)分簇结构

在分簇结构中,网络被划分成多个簇,节点被分为两种类型:簇首和簇成员节点。同一簇内的簇首节点和成员节点共同维护所在簇的通信拓扑结构。下面介绍一些著名的分簇协议。

最为著名的分簇工作是 LEACH[128] 协议。LEACH 协议分轮执行。每一轮开始为簇建立阶段,首先产生簇首,然后其他节点根据收到簇首节点的信号强度动态形成簇;接着进入稳定的数据传输阶段,簇首节点聚合成员节点的数据,并把结果通过单跳直接发送给基站。LEACH 以轮转随机的方式选择簇首节点,以使簇首的能耗均匀地分配到每个传感器节点。

HEED[129] 是另一个广泛接受的分簇协议。HEED 放松了 LEACH 的限制,考虑簇首节点距基站多跳的情况。HEED 保证了簇间的连通性,并基于节点的剩余能量来选择簇首。HEED 比 LEACH 有更好的可扩展性和节点能耗均衡性。上面这两种分簇方法可以不依赖节点的位置信息。

Xu 等人提出基于地理位置的著名分簇算法 GAF[130]。GAF

把网络部署区域划分成规则的方格,且网格的尺寸能够保证相邻两个单元格内的任意节点间能够直接通信。节点根据位置信息划归相应的单元格。每个单元格内周期地选举产生一个簇首节点,其他节点进入睡眠状态,只有簇首节点保持活动。

(2)主干结构

通信主干(backbone)问题的研究目标是寻找网络内连通的主干节点子集,使网络中其他节点可以直接通过主干节点进行通信。通信主干问题可以建模为图论中经典的连通支配集问题(Connected Dominating Set,CDS)。为了节省能量,CDS 问题通常的优化目标是选择最少的节点,即最小连通支配集问题(Minimum Connected Dominating Set,MCDS)。该问题即使在有几何表示的单位圆盘图模型中也是 NP 完全的。因此此类研究主要致力于设计有效的启发式或近似算法。在集中式计算模式下,MCDS 在一般图中理论上无法实现好于 $H(\Delta)$ 的近似比(Δ 表示最大节点度,H 是调和函数)[131];但在有几何表出的单位圆盘图中,MCDS 存在 PTAS 近似模式的算法[132]。在分布式计算模式下,传感器网络中也开展了大量 CDS 近似算法的研究,包括少量不依赖网络几何属性和大量依赖几何属性的算法等。关于 CDS 算法的更多介绍可参见文献[133]。

2.4　小　结

本章综述了传感器网络中拓扑问题的基本概念,并从拓扑识别和拓扑构建的角度,对与本书研究工作相关的拓扑问题进行分类和分析。拓扑识别部分介绍了拓扑识别中的主要研究问题,包括边界问题、形状识别和拓扑异常识别等。拓扑构建部分从覆盖和连通两个角度介绍了拓扑构建相关的研究内容和主要工作。

第 3 章 不依赖位置信息的
细粒度边界识别

不依赖位置信息的边界识别是传感器网络中拓扑识别的核心问题。目前的方法从识别效果来讲，都是粗粒度方法。粗粒度方法不能准确地识别和定位网络边界，特别是当网络包含较小空洞时。本章首次提出仅利用连通信息、细粒度、分布式的边界识别算法，证明了算法设计的正确性，并通过大规模的仿真实验验证了算法的性能。

3.1 引 言

边界识别是无线自组织与传感器网络中重要的研究问题。边界识别的一般目标是抽取网络中有意义的结构，用来捕捉感兴趣的网络区域。这些区域可能是通信空洞、感知空洞或特定的事件区域等。边界识别对于许多基本的网络功能具有重要意义，比如地理路由[56-60]、感知覆盖[62-67]、网络定位[68-69]等。识别通信空洞有助于建立鲁棒的地理路由机制来规避路由空洞，以及实现负载平衡等目标[56-58, 61]。检测感知空洞有助于理解网络的覆盖质量，并为覆盖调度算法提供必要的信息[66-67, 70]。边界识别也是测距无关的定位技术[68-69]和网络分割技术[72]等网络基本服务的前提条件。此外在事件监控应用中,边界识别还可用来识别事件区域的拓扑结构,定位和追踪特定事件[71]。

早期的边界识别算法主要利用计算几何方法。这些方法[57,92]假设网络可以实现对节点位置的精确测量,从而使用经典的计算几何技术(比如 Delaunay 三角剖分和 Voronoi 图等)来计算路由和感知覆盖的空洞区域。假设已知精确位置信息简化了边界识别问题的处理难度,但也在很大程度上限制了这些方法的实际可用性。因为对于大规模分布式自组织传感器网络来说,获取精确的节点位置信息是非常困难的。首先,精确的位置测量需要为大量的节点装配专业的定位设备,包括高精度 GPS 和测距设备等,增加了系统的成本和能耗。第二,网络定位算法在实际情况中经常面临计算复杂性难题、误差累积、状态模糊等限制因素,难以获得精确的定位结果。不依赖位置信息的边界识别算法可以在位置完全缺失或仅部分可用的情况下实现有效的边界识别,因而有其独特的优势,最近受到了广泛的关注[59,82-85]。

已有的不依赖位置信息的边界识别算法,在不利用节点坐标的情况下提供了一定程度的有效机制来抽取网络拓扑的几何特征,但这些方法仅能对网络边界实现粗粒度的识别。这些粗粒度的方法不能实现边界识别问题期望的许多重要目标,包括网络空洞的准确数目和位置等。具体来讲,有些粗粒度方法不能输出有意义的环结构来定位边界[82-83],因此无法准确地知道边界的位置和数量。改进的方法[59]可以输出有意义的边界环,但运行效果却依赖于网络空洞的大小、数量和布局等。该方法仅在包含数目较少大洞的网络中发挥较好的作用。但实际网络中往往包含数量众多的可能较大或较小的空洞。这些空洞的形成可能是由大规模网络的随机或不均匀部署造成的,或者是由于节点内部故障或外部事件引起的节点失效等因素造成的。细粒度的定位网络边界可以提供更多关于网络拓扑的有用信息,有助于准确地理解网络行为,进行高效的协议设计。

本章致力于仅利用连通性信息实现细粒度的边界识别。我们首次从拓扑学的角度对网络边界进行了形式化的定义,设计了图理论工具(FGP变换),并基于该工具设计出细粒度边界识别算法。本算法能对每个网络边界明确地输出有意义的边界环。首次在不依赖位置信息情况下实现了对网络边界的细粒度定位,算法仅利用连通性信息,且可以分布式执行。本章通过详细的理论分析和大量的模拟实验证明了算法的正确性和有效性。

本章3.2节描述边界识别问题,并从拓扑学角度对网络边界进行形式化定义;3.3节提出图理论工具FGP变换和分布式的边界识别算法;3.4节证明算法设计的正确性;3.5节通过大量的模拟实验验证算法的性能;3.6节总结本章。

3.2　问题描述

本节描述网络边界的形式化定义和相关假设。本章假设节点部署在平面区域,节点仅能与位置临近的节点通信,节点的坐标是未知的,节点间不能确定相互的距离和方位。设网络通信的连通关系图为 G,不失一般性,假设 G 是连通的。

在描述边界识别算法之前,需要对网络边界进行明确定义。为网络边界提供形式化的定义并不容易。困难之处在于如何在知识受限的情况下尽可能准确地刻画边界。常规边界是连续域中与几何紧密相关的概念。但在不依赖位置信息的边界识别问题中,需要在没有几何表示的离散网络中定义边界。因为不知道节点的坐标信息和节点间的几何距离,所以仅能基于连通关系来定义网络边界。当前还没有对网络边界统一的形式化定义[57, 59, 82, 84, 85]。已有的边界定义也并不完善,特别是当期望网络边界应有连续性和一致性这两个重要属性时。边界的连续性属性是指网络边界上的点应该能够通过它们自己连接起来构成环状的连通图,而不仅是孤立的点集。对边界的连续性需求非常直接,而一致性属性则是更高的目标。一致性属性简单来说,就是期望边界的定义应该尽量独立于特定的嵌入,在某个特定的嵌入中对应于网络空洞的边界,在其他的嵌入中也应保持这样的对应关系。这一点我们将在后面通过具体例子解释。

3.2.1　现有的边界定义

在描述本章的边界定义之前,首先分析现存的一些边界定义[57, 59, 82, 84, 85]。已有的工作都是基于网络连通图的 UDG 嵌入(或者 QUDG 嵌入)来定义边界。为简化叙述,本章提到的嵌入,无特殊说明时均指 UDG 嵌入。

文献[57]将传感器网络建模为 UDG 图,并假设已知图的一种有效嵌入。他们将网络空洞定义为受限 Delaunay 图(Restricted Delaunay Graph,RDG)[134, 135]中包含至少四个顶点的面。RDG 图是 UDG 图的平面子图。这样的边界定义满足连续性,但并不满足一致性。考虑图 3 - 1 所示的例子,图 3 - 1(a)是连通图的一种有效嵌入,图 3 - 1(b)是基于该嵌入计算出的 RDG 图。图中实线表示 RDG 图的边,虚线表示 Voronoi 区域的边界。所以基于他们的边界定义,可判定图 3 - 1(b)所示的网络中包含一个洞。

下面考虑图 3 - 1(a)所示网络的另一种有效嵌入,如图 3 - 1(c)所示。基于图 3 - 1(c)所示的嵌入可再次计算与其对应的 RDG 图,如图 3 - 1(d)所示。此时会发现根据他们的定义图 3 - 1(d)所示网络中不再有空洞。图 3 - 1(c)所示嵌入与图 3 - 1(a)所示嵌入的唯一区别是,将节点 6 稍微移动一下到 6′所示的位置。可见基于 RDG 图定义的网络边界对网络嵌入是敏感的,在一种嵌入中得到的边界,在另一种嵌入中可能就不再是边界了,因此不能保持边界在不同嵌入中的一致性。

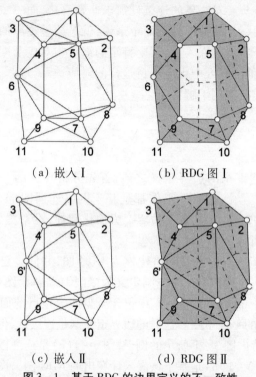

(a) 嵌入 I　　　　(b) RDG 图 I

(c) 嵌入 Ⅱ　　　　(d) RDG 图 Ⅱ

图 3-1　基于 RDG 的边界定义的不一致性

其他文献[84,85]基于网络嵌入对平面的划分提出了另一类边界定义。在一个给定的嵌入中,连通图的边将平面分割成许多子区域,这些区域包含一个无限面(infinite face)和许多小的多边形有限面。该类定义的基本思想是将大于一定门限的有限面视为网络的内部洞,将无限面对应为外边界。具体来讲,Kroller 等人[84]将网络边界定义为网络中包含有限面的无弦环(chordless cycle)。因为在嵌入中有限面或无限面的边界点可能是边与边的交点,而并不对应于网络中的实际节点,所以 Saukh 等人[85]进一步将网络边界定义为与网络节点有对应关系的那些边界点。文献[84]中的定义满足边界的连续性,文献[85]中的定义不满足连续性。这两种定义都不满足对边界的一致性需求。这是因为包围有限面的边界节点可能随着嵌入的改变而变化,因此,文献[84]和文献[85]中所定义的边界点也将随着嵌入而改变。

3.2.2　以拓扑的方式定义边界

本章通过将连通图提升为与其对应的拓扑空间来定义网络边界。具体来讲,我们给连通图 G 关联一个拓扑空间 Δ_G。对 Δ_G 的直观理解就是,将 G 中所有的三角形填充起来得到的空间。更准确地讲,Δ_G 是 2 单复形(2 simplicial complex),它的 0、1、2 - 单形(simplex)分别对应于图 G 中的顶点、边和三角形。给定图 G 的有效嵌入 ε,ε 将图 G 的顶点映射为平面 $\mathbb{R}^2$ 上的点,因此获得了图 G 的一种几何实现,记为 G^ε,同时也得到了抽象拓扑空间 Δ_G 的几何实现 Δ_G^ε。3.4.1 节将介绍更多关于单复形、同伦、基本群等拓扑学概念。为了便于理解,我们使用图 3 - 2 所示的例子来解释该边界定义。

图 3 - 2(a)是连通图 G,图 3 - 2(b)是其有效的嵌入 G^ε,而图 3 - 2(c)显示 G^ε 连同其上的三角形构成的空间 Δ_G 的几何实现 Δ_G^ε;图 3 - 2(d)进一步显示被 Δ_G^ε 覆盖的区域形成的 Δ_G^ε 的阴影(shadow)[136],记作 $\overline{\Delta_G^\varepsilon}$,上划线表示取阴影映射。阴影区域 $\overline{\Delta_G^\varepsilon}$ 作为平面几何图形,其上的空洞和边界有明确的定义。$\overline{\Delta_G^\varepsilon}$ 的每个几何边界由多边形线段构成,如图 3 - 2(d)中的粗线所示。从 $\overline{\Delta_G^\varepsilon}$ 的几何边界,我们进一步定义 G 的拓扑边界,如定义 3.1 所述。在本例中,图 3 - 2(c)中的虚线指示一个拓扑边界,它同伦于阴影区域左侧的内边界。图 3 - 3 解释了定义 3.1 的主要思想。

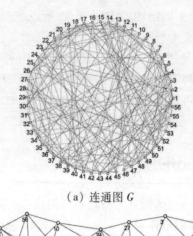

（a）连通图 G

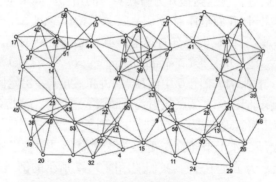

（b） G 的几何实现 G^ε

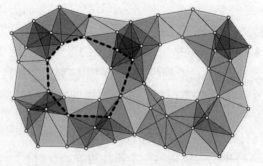

（c） Δ_G 的几何实现 Δ_G^ε

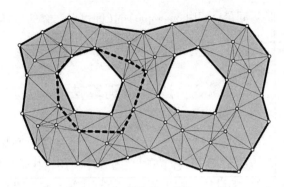

（d）Δ_G^ε 的阴影 $\overline{\Delta_G^\varepsilon}$

图 3 - 2　拓扑边界的定义

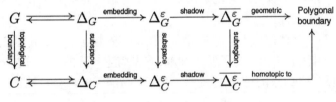

图 3 - 3　边界定义的思想

定义 3. 1　拓扑边界。给定连通图 G 中的环 C 和 G 的任一有效嵌入 ε，如果 $\overline{\Delta_C^\varepsilon}$ 可以连续变形为（即同伦于）$\overline{\Delta_C^\varepsilon}$ 的一个几何边界，则环 C 是 G 的一个拓扑边界。

因为在仅有连通性信息的情况下，构造网络边界的精确几何描述几乎是不可能的，所以我们的目标不是以精确的几何方式来定义边界，而是从网络边界的几何约束中抽取核心的拓扑约束。定义 3. 1 基于拓扑约束的边界定义是对网络边界的有力描述。3.4 节将证明在单位圆盘图模型下拓扑边界是具有一致性属性的网络边界。需要指出的是，定义 3. 1 是基于组合的单复形，它并未对内外边界进行区分。要区分内外边界需要进一步的几何约束。此外，当阴影 $\overline{\Delta_C^\varepsilon}$ 不包含洞时，$\overline{\Delta_C^\varepsilon}$ 将仅有一个外边界，此时 $\overline{\Delta_C^\varepsilon}$ 的外边

界在 $\overline{\Delta_G^\varepsilon}$ 中是零同伦(null-homotopic)的(即可以连续的变换为 $\overline{\Delta_G^\varepsilon}$ 中的一点),此时 G 中任何环都是 G 的平凡拓扑边界。

3.3　边界识别算法

本节介绍边界识别算法。前一节建立了连通图 G 与拓扑空间 Δ_G 的一一对应关系,这使我们可以在图 G 中应用拓扑学的概念,并在边界识别算法的设计过程中使用代数拓扑学方法。图 G 的拓扑边界实际上对应于 Δ_G 的同调生成子(homology generators)[63]。边界识别算法的核心思想就是在 G 中寻找特定的同调生成子,并对其进行适当的优化。

算法具体包括4个模块:骨干图抽取,基本边界环生成,内边界优化,外边界优化。为了便于理解,首先描述算法的集中式执行方式,再介绍算法的分布式版本。我们用图3-4解释算法的执行步骤。

给定如图3-4(a)所示包含多个洞的网络,算法的目标是检测出网络的全部边界。骨干抽取模块将初始的连通图化简为忠实地反映其结构的骨干图,如图3-4(d)所示。基本边界环生成模块将骨干图分解为基本边界环,如图3-4(e)所示。每个基本边界环对应一个内洞或外边界。基本边界环已经是有效的拓扑边界,但在几何上仍不能较好地定位网络空洞和外边界。算法进一步通过内边界优化模块对基本边界环进行优化获得最紧的内边界,如图3-4(i)所示,通过外边界优化模块获得优化的外边界,如图3-4(n)所示。具体执行步骤见算法3-1。

算法3 – 1　细粒度边界识别算法

输入：连通图 G

输出：边界环集 $\mathcal{C}$

1：$\mathcal{C} := \varnothing$，基于 FGP 变换从 G 中抽取骨干图 G_S

2：将 G_S 拆分为有限面环集 $\mathcal{C}_{inner}$ 和无限面环 C_{inf}，获得基本边界环集
　　$\mathcal{P} := \mathcal{C}_{inner} \cup \{ C_{inf} \}$

3：**for** 每个环 $C \in \mathcal{C}_{inner}$ 计算优化的内边界环　**do**

4：利用 FGP 变换极大地扩展环 C 得到图 G_C

5：随机选择 G_C 中点 v，利用 FGP 变换在 G_C 中极大地扩展 v 得到图 G_v

6：获得 gap 边集 $E_{gap} := E(G_C) \backslash E(G_v)$

7：设候选的最短环集 $S := \varnothing$

8：**for** 每条边 $e = (v_{e,1}, v_{e,2}) \in E_{gap}$　**do**

9：　　计算图 G_v 中连接 $v_{e,1}$ 和 $v_{e,2}$ 的最短路径 P_e，得到环 $C_e = P_e + e$

10：　　$S := S \cup \{ C_e \}$

11：　**end for**

12：　选择 S 中最短环 $C_{\min}$，$\mathcal{C} := \mathcal{C} \cup \{ C_{\min} \}$

13：**end for**

14：在 G 中极大地扩展环 C_{inf} 得到图 G_{inf}

15：获得边集 $E_{patch} := E(G) \backslash E(G_{inf})$ 的导出子图 $G_{patch} := G[E_{patch}]$ 和临界顶点集
　　$V_{critical} := V(G_{inf}) \cap V(G_{patch})$

16：计算 $V(G_{inf})$ 中每个顶点到 $V_{critical}$ 最短跳数距离

17：基于 FGP 变换对图 G_{inf} 执行带优先级的化简，得到优化的外边界 C_{outer}

18：$\mathcal{C} := \mathcal{C} \cup \{ C_{outer} \}$

3.3.1 FGP 变换

本节首先描述将用到的记号和定义,然后介绍 FGP (Fundamental Group Persevering)变换。FGP 变换是本章设计的重要图操作工具。

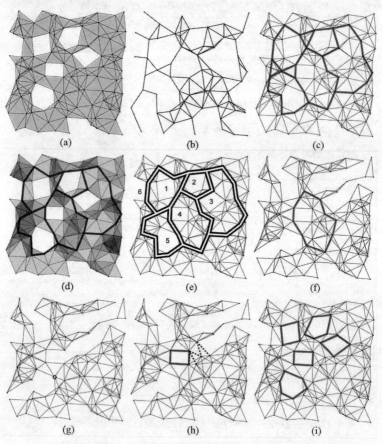

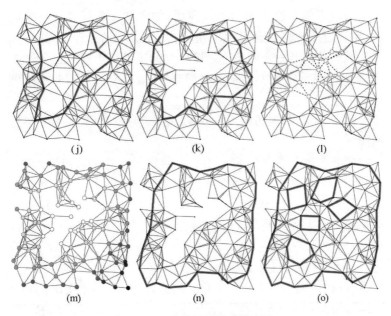

(j)　　　　　　　　(k)　　　　　　　　(l)

(m)　　　　　　　　(n)　　　　　　　　(o)

图 3 - 4　边界识别算法的步骤

设 H 是以 $V(H)$ 为顶点集、$E(H)$ 为边集的简单图。环 C 是 H 中节点度均为 2 的连通子图。环 C 可以表示为 H 中边的索引向量 $b(C) = (b_1, b_2, \cdots, b_i, \cdots)$，$i \in [1, |E(H)|]$，且有：$b_i = 1$ 当且仅当 $e_i \in E(C)$；$b_i = 0$ 当且仅当 $e_i \notin E(C)$。环 C 的长度 $|C|$ 是其包含的边数 $|E(C)|$。环索引向量张成 $\{0,1\}$ 二元域上的向量空间，称为图 H 的环空间（cycle space），记为 $\mathcal{C}_H$。环空间中两个环 C_1 与 C_2 的加定义为它们索引向量的模 2 加，即 $C_1 \oplus C_2 = (E(C_1) \cup E(C_2)) \backslash E(C_1) \cap E(C_2)$。图 H 的环基 $\mathcal{B}$ 是环空间 $\mathcal{C}_H$ 的一组向量基。环基 $\mathcal{B}$ 的长度 $l(\mathcal{B})$ 定义为其中所有环长度的和，即 $l(\mathcal{B}) = \sum_{C \in \mathcal{B}} |C|$。

如前所述，3.2 节建立了连通图 G 与 2 单复形 Δ_G 的对应关系，因此可以在图 G 上附加一些 Δ_G 所具有的拓扑学概念。下面定义对应于单连通空间的单连通图,如定义 3. 2 所述。简单地讲,单连通图就是具有仅由三角形构成的环基的图。比如树图是平凡的单连通图。网络连通图中洞的边界环不能由三角形拼成,即不能表示为三角形的线性组合,所以有洞的连通图不是单连通的。

定义 3. 2 单连通图。如果 Δ_G 是单连通的,那么图 G 是单连通图。

接下来定义图上的 FGP 变换。给定图 G 中的顶点集(或边集)X,设 $G[X]$ 表示 G 的基于 X 的顶点(或边)导出子图。设 $H \subseteq G$ 表示 G 的连通子图。给定点集 $Y \subseteq V(H)$,用 $H - Y$ 表示 $H[V(H) \setminus Y]$。给定点集 $Y \subseteq V(G)$ 且 $Y \not\subseteq V(H)$,边集 $Z \subseteq E(H)$,设 $H + Y = H[V(H) \cup Y]$,$H - Z = (V(H[E(H) \setminus Z]), E(H) \setminus Z)$。给定边集 $Z \subseteq E(G)$ 且 $Z \not\subseteq E(H)$,设 $H + Z = (V(H) \cup V(G[Z]), E(H) \cup Z)$。当 x 为 G 中单个顶点或边时,$H - \{x\}$(或 $H + \{x\}$)被缩写为 $H - x$(或 $H + x$)。$x \in H$ 或 $x \notin H$ 表示 x 是否在 H 中。点 v 在图 H 中的邻居记为 $N_H(v)$,$N_H(v)$ 不包含 v 自身。点 v 在图 H 中的邻居图 $\Gamma_H(v)$ 定义为 $H[N_H(v)]$。H 中边 $e = (u,v)$ 的邻居图 $\Gamma_H(e)$ 定义为 $H[(N_H(u) \cap N_H(v)) \cup \{u,v\}] - e$。

定义 3. 3 FGP 变换。给定图 $H \subseteq G$,图 H 上的一个 FGP 变换是一系列图操作的组合,包括插入和(或)删除操作。

● 插入操作:设 x 是一顶点或边,$x \in G$ 且 $x \notin H$,x 可插入到 H 中获得新图 $H' = H + x$,如果(1)邻居图 $\Gamma_{H'}(x)$ 是连通的,(2)存在单连通图 $H'' \subseteq H$ 使得 $\Gamma_{H'}(x) \subseteq H''$;

● 删除操作:设 x 是一顶点或边,$x \in H$,x 可从 H 中删除获得新图 $H' = H - x$,如果(1)邻居图 $\Gamma_H(x)$ 是连通的,(2)存在单连通图 $H'' \subseteq H'$ 使得 $\Gamma_H(x) \subseteq H''$。

下面使用图 3 - 5 解释单连通图和 FGP 变换。图中左边四个图都是单连通的,而最右边的四边形不是单连通的。图

3-5(a~d)可以通过 FGP 变换相互转换。比如图 3-5(b)能够通过在图 3-5(a)中插入一个点或从图 3-5(c)中删除三个顶点得到,图 3-5(c)通过插入三条边能够转换为图 3-5(d)。但由于具有不同的拓扑连通性,图 3-5(a~d)无法通过 FGP 变换转化为图 3-5(e)。后面将证明 FGP 变换保持图的单连通性,见3.4节推论3.4。

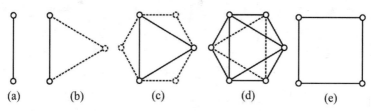

(a) (b) (c) (d) (e)

图 3-5 FGP 变换的简单例子

3.3.2 骨干图抽取

骨干图抽取是算法的第一个模块。该模块对初始连通图 G 执行极大的顶点和边删除来构造图 G 的骨干图 G_s。

(1)顶点删除

该步骤在图 G 中极大地应用 FGP 变换的点删除操作得到简化图 G_{vd}。由于节点间的关联性,一些点需要在其他点删除之后才能被删除。一般来说,靠近边界上点往往可以较早删除。节点 v 仅需局部连通性信息即可确定其是否可以删除,这一点将在3.4节中详细分析。删除操作分轮执行,在每一轮中算法随机选择当前图中一点,根据 FGP 变换判断其是否可以删除。图 3-4(b)显示点删除过程的一个中间状态。直到没有点可删除时该过程终止,然后输出图 G_{vd}。图 3-4(d)中粗线所示的连通图是在此例中

获得的图 G_{vd}。G_{vd} 中可能仍包含一些不围绕洞的三角形环,如 3 - 4(d)所示,算法在接下来的步骤中处理这些三角形。

(2)边删除

该步骤进一步删除图 G_{vd} 中的边以消除图中的三角形。通常情况下,算法可以直接根据 FGP 变换删除 G_{vd} 中的边。为确认这一点,算法需要测试 G_{vd} 中是否包含共享公共边的三角形,如果没有这种情况出现,则可以直接执行边删除。否则,需要增加一些点插入操作,3.4.6 节讨论了这种特例的处理方式。与顶点删除类似,边删除也是迭代的进行,直到无法删除时终止,并输出骨干图 G_S。如图 3 - 4(d)所示,图中的点、细线和填充的三角形是图 G 的 2 单复形 Δ_G,骨干图 G_S 是不包含三角形的平面图并准确地反映 Δ_G 的骨干结构。骨干图 G_S 中的面环与 G(或 Δ_G)中的洞有准确的对应关系。3 - 4 节将证明骨干图 G_S 在拓扑意义下等价于 G,详见定理 3 - 7。

3.3.3 基本边界环生成

该模块将骨干图 G_S 拆分为基本边界环集 $\mathscr{P}$,使 $\mathscr{P}$ 中每个环对应于连通图 G 中的一个空洞,如图 3 - 4(e)所示。在没有位置信息的情况下实现这样的拆分并不容易。我们的观察是环集 $\mathscr{P}$ 实际上形成了 G_S 的一个环基,因此,计算 G_S 的环基将有助于计算基本边界环集。不过由于图的环基通常有大量可能的环组合而不是唯一的,因此需要利用更多的约束。通过进一步观察,我们发现 G_S 中每条边应该最多包含在 $\mathscr{P}$ 中的两个环中。这促使我们寻找 G_S 的 2 环基或平面环基[137]。G_S 由于其平面性,所以确实有 2 环基。一个平面图的 2 环基包含平面图中除了一个面环之外的所有面环,该缺失的面环往往被当作是该图的无限面(infinite face)。

在给定无限面的情况下,每个三连通平面图有唯一的平面嵌入[138]。当连通图中包含多个洞时其骨干图经常是三连通的,因此可以获得图 G_S 的唯一 2 环基。我们选择骨干图中最长面环作为无限面环,记作 C_{inf},其他的作为内部面环,记作 C_{inner},因此得到基本边界环集 $\mathcal{P} = C_{inner} \cup \{ C_{inf} \}$。

图 3 –4 所示的例子具体解释了拆分过程。图 3 –4(d)所示的骨干图是三连通的,因此有唯一的平面嵌入。骨干图被拆分为 6 个基本边界环,如图 3 –4(e)中标为 1 到 6 的每个环。每个基本边界环对应于网络的一个边界。如前所述,骨干图 G_S 在拓扑意义下等价于初始连通图 G。基本边界环集不仅构成 G_S 的一个环基,也对应于 Δ_G 的基本群的生成子。每一个基本边界环实际上可以表征其同伦等价类中的所有环。这些基本边界环集已经构成定义 3.1 中所描述的拓扑边界。但基本边界环从几何的角度看还是比较粗糙的。

下面进一步调整基本边界环以获得优化的边界环。优化的目标是在保持基本边界环为网络拓扑边界的前提下,引导它们朝着网络的几何边界移动。为了形式化描述对基本边界环的优化方向,我们为每个基本环定义两个侧:α 侧和 β 侧。考虑图 3 –4(e)中所示的基本边界环,每个基本边界环的两侧定义如下:邻接其他基本边界环的一侧定义为该基本边界环的 β 侧,相反的一侧为 α 侧。我们优化的目标是沿着每个基本边界环的 α 方向推进和优化每个基本边界环。为了实现这样的优化操作,算法对内部的基本边界环采取收缩操作,对外边界环采取膨胀操作。下面叙述的两个模块,即内边界优化模块和外边界优化模块,开发环收紧和放松技术来实现对基本边界环的优化。

3.3.4 内边界优化

该模块利用内部面环作为初始的内边界,寻找紧密环绕每个洞的优化边界环。一种简单的方法是在局部执行收缩,即如果环上两条边属于同一个三角形,那么这两条边能够被替换为三角形上的第三条边而将该环的长度减少 1。这种局部收缩方式可以收缩每条环直到无法收缩时终止。但这种方法经常会遇到局部极小而在获得紧的边界环之前过早停止。下面我们提出更一般的方法来寻找紧的边界环。需要指出的是,计算最短的同调环在二元域中一般情况下是 NP 难的[139, 140]。本节中的单复形 Δ_G 有其在平面上的几何实现,即从单位圆盘图构造的 Rips 复形[63],因此我们是在一类特殊的单复形中寻找紧的同调环。3.4 节将证明本节的方法可以在一大类情况下发现紧的边界环。

给定边界环 C,该模块极大扩展环 C 获得拓扑上等价于 C 的图 G_C,如图 3-4(f)所示。然后任选 G_C 中一顶点 v,在 G_C 中极大地扩展 v 获得 G_C 的子图 G_v,如图 3-4(g)所示。这样获得 gap 边集 $E_{gap} = E(G_C) \backslash E(G_v)$,如图 3-4(h)中的虚线所示。然后对于每条 gap 边,计算图 G_C 中通过该边的一个候选的最紧边界环。算法遍历所有的 gap 边,从所有的候选环中选择最短的作为最终的紧边界环,如图 3-4(h)中的粗线所示。同样的方法得到全部优化后的内边界环,如图 3-4(h)所示。下面描述模块的具体执行细节。

(1)对环的极大扩展

该步分为三个阶段:初始化,基于点的扩展,基于边的扩展。

在初始化阶段,以环 C 作为初始的扩展图 G_C,将图 G_C 转化为图 G 的顶点导出子图,即若 $E_0 = E(G[V(G_C)]) \backslash E(G_C)$ 不为空,通过执行 FGP 变换的边插入操作将 E_0 中的边加入到 G_C 中。

第二阶段执行基于点的扩展。对于 $V(G)\backslash V(G_C)$ 中每一点 v，我们说 v 与图 G_C 相邻，如果图 G_C 中至少有 v 的一个邻居，即 $N_G(v)\cap V(G_C)\neq\varnothing$，并设 $N_{G_C}(v)$ 表示 $N_G(v)\cap V(G_C)$。第二阶段中每次从 $V(G)\backslash V(G_C)$ 中选择与图 G_C 相邻的一点 u，并测试是否可通过 FGP 变换将 G_C 扩展为 $G' = G_C\cup G[\,N_{G_C}(u)\cup\{u\}\,]$，如果可以，则更新 $G_C = G'$。上面的过程迭代执行到无 $V(G)\backslash V(G_C)$ 中的点可以再扩展时停止。

第三阶段执行基于边的扩展。对于剩下的边集 $E_l = E(G)\backslash E(G_C)$，设 $G_l = G[E_l]$。该阶段继续将 G_l 中的边和顶点加入到 G_C 中。对于 G_l 中每条边 e，如果它可以通过 FGP 变换加入到 G_C 中，则更新 $G_C = G_C + e$ 和 $G_l = G_l - e$。这样的操作执行直到 G_l 中没有可扩展的边时终止。图 3 - 4(f) 所示是通过该步骤从第 4 个基本边界环扩展出的图 G_C。

(2)对点的极大扩展

该步骤从 G_C 中任一点 v 出发，在图 G_C 中极大地扩展点 v 获得子图 G_v，如图 3 - 4(g) 所示。在本章实验中设点 v 为从基本边界环 C 上随机选取的一点。该步的具体扩展方式与第一步中对基本边界环的极大扩展类似，包括基于点和边的插入操作，此处不再赘述这些细节。

(3)寻找最紧的环

该步对比前两步获得的图 G_v 和 G_C，得到 gap 边集 $E_{\text{gap}} = E(G_C)\backslash E(G_v)$，如图 3 - 4(h) 中的虚线所示。我们分析发现，任何 G_C 中同伦于环 C 的环必定经过至少一条 gap 边。该步对于每条 E_{gap} 中的边 $e = (v_{e,1}, v_{e,2})$，计算在图 G_v 中连接点 $v_{e,1}$ 和 $v_{e,2}$ 的最短路径，进而通过连接路径 P_e 和边 e，获得通过 gap 边 e 的一条候

选的紧边界环 $C_e = P_e + e$。通过遍历所有的 gap 边得到全部的候选环,算法选择最短的候选环作为紧的边界环,如图 3 - 4(h)中的粗线所示。

3.3.5 外边界优化

该模块以无限面环 C_{inf} 作为基本外边界环构造优化的外边界。该模块主要包含三步。

第一步对环 C_{inf} 进行极大扩展得到图 G_{inf},如图 3 - 4(k)所示。该步执行方式如同优化内边界时对环的极大扩展。

第二步沿着环 C_{inf} 的 α 侧在图 G_{inf} 中推进环 C_{inf}。具体的执行方式如下。首先通过对比图 G_{inf} 和 G 得到未扩展到 G_{inf} 中的边集 $E_{patch} = E(G) \backslash E(G_{inf})$,如图 3 - 4(1)所示。设图 $G_{patch} = G[E_{patch}]$,构造临界点集 $V_{critical} = V(G_{inf}) \cap V(G_{patch})$。通过极大的环扩展后,不能被扩展的边集 E_{patch} 主要出现在环 C_{inf} 的 β 侧,因此在环 C_{inf} 的 α 侧远离环 C_{inf} 的点也将远离临界点集 $V_{critical}$。以此为线索,算法确定远离临界点集的方向为环 C_{inf} 的 α 侧。算法计算图 G_{inf} 中每点到临界点集的距离,如图 3 - 4(m)所示,越深色的点表示距离临界点集越远。

第三步抽取 G_{inf} 的骨干环。该步与前面的抽取骨干图技术类似,主要的不同之处是点和边按照距离临界点的远近有不同的删除优先级。距离临界点越近的点和边,越早被删除。图 3 - 4(n)显示该例中从 G_{inf} 中抽取出的优化外边界环。到此算法获得全部的边界环,如图 3 - 4(o)所示。

现在简单小结一下。本章提出两种环优化技术,包括收缩内边界和扩展外边界。两种技术都期望在基本边界环的 α 侧寻找优化的边界环。这两种技术的行为却不尽相同。在本节的示例中,如果对基本的外边界环 C_{inf} 也执行收紧操作,这样优化后的边界环更倾向于位于环 C_{inf} 的 β 侧,图 3 - 4(j)显示这样操作的结果。所以并不是朝着逼近网络几何外边界的方向。比较而言,收紧操作更适合用来逼近内部的凸形洞,而扩张操作则更具一般性,适合用来逼近非凸的几何边界。

如前所述,在没有几何信息的情况下,实际上无法真正区分内外边界。没有几何约束的情况下,任何边界都可以被当作外边界。本节利用的是外边界包围所有的内边界,通常比内部的边界环更长(这一点也在随机部署的网络模拟实验中得到验证),因此算法选择最长的面环作为外边界。当然在复杂形状的网络中,网络内部凹洞所对应的基本边界环有可能比实际的外边界环更长。算法在这样特殊的实例中仍然可以运行。因为在这样的网络中且没有位置信息的情况下,我们不妨可以将该凹洞的边界作为网络的外边界,仿佛网络从内到外翻转了一下。需要指出的是所有优化后的边界环都是网络的拓扑边界,无论选择哪种优化策略并不影响算法的正确性,用户可以根据具体需求或更多已知信息灵活地选择使用哪种技术来优化特定的环。

3.3.6　特例处理

本节讨论对特殊情况的处理。首先考虑骨干图抽取过程中出现耦合三角形的情况,再讨论骨干图不是三连通的情况。

考虑从如图3 - 6(a)所示的连通图中抽取骨干图。显然该图中没有节点可以删除,且该图中存在共享边的三角形。为保证骨干图的平面性,出现在耦合三角形中的边不能直接删除。对于这些耦合的三角形,如图 3 - 6(b)所示。算法首先将它们组装起来看成一个整体的连通构件,并将每个单连通的构件替换为一个附加的点。本例中耦合三角形形成图 3 - 6(b)中阴影区内的连通图,即由点 1,4,7,10 构成的团(clique)。算法插入标识为 0 新的

顶点,同时也插入连结点 0 与该连通构件中每个顶点的边,如图
3-6(c)所示,之后团中点 1,4,7,10 之间的所有边可以全部删
除,这样可获得平面的骨干图。此后步骤中可以从骨干图中抽取
2 环基(0,1,2,3,6,4),(0,4,5,8,7),(0,7,8,9,12,11,10),
(0,10,11,2,1)构造基本边界环集。在环基中所有涉及添加的顶
点 0 和相关的那些边可以重新替换为原始连通图中的路径。比如
环(0,1,2,3,6,4)中包含添加的边(4,0)和(0,1)可以替换为边
(4,1),因此得到不包含插入的顶点 0 的环(1,2,3,6,4)。图 3-
6(d)所示的是通过这样的操作恢复后得到的连通图。需要指出
的是此处顶点和边的替换仍遵循 FGP 变换,因此,如果耦合的三
角形形成非单连通构件,这些构件需要先拆分为一系列单连通构
件后再执行替换操作。

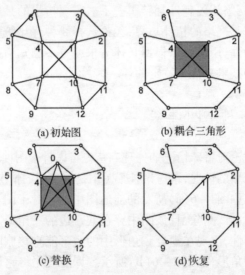

图 3-6　耦合三角形处理

当在网络中存在多个洞时,骨干图趋向于是三连通的平面图,

因此有唯一的平面嵌入。如果骨干图 G_S 不是三连通的，G_S 所有可能的平面嵌入可以通过文献[45]中的方法在 $O(|V(G_S)|)$ 时间内实现，然后可以选择 G_S 的最小 2 环基，即具有最短长度的 2 环基，作为内部面环。

3.3.7　分布式执行

本节描述算法的分布式执行。

首先，描述骨干图抽取操作的分布式执行。该步的关键是通过 FGP 变换分布式执行顶点和边删除。分布式的顶点删除过程可以通过分轮的方式实现。每一轮分为两个阶段。在第一阶段，每个节点 v 收集 k 跳邻居信息 $\Gamma_G^k(v)$，k 取常数 3，点 v 评估自己是否可以通过 FGP 变换删除。定理 3.6 将具体说明从图中删除顶点或边仅需要局部的连通信息。所有通过自身删除测试的点构成候选的删除点集 V_{del}。

算法3－2　分布式构造骨干图算法

输入：连通图 G

输出：骨干图 G_S

1：**repeat**

2：　候选删除点集 $V_{del} := \varnothing$

3：　**for**　每个点 $v \in V(G)$　**do**

4：　　收集 k 跳邻居图 $\Gamma_G^k(v)$

5：　　**if**　v 可以从 $\Gamma_G^k(v)$ 中删除　**then**

6：　　　$V_{del} := V_{del} \cup \{v\}$.

7：　　**end if**

8：　**end for**

9：　在图 G 中计算 $kMIS$ $V_{kMIS} \subseteq V_{del}$

10：　$G := G - V_{kMIS}$

11: **until** $V_{del} = \varnothing$

12: 耦合三角形中的顶点集 $V_{CT} := \varnothing$

13: **for** 每个点 $v \in V(G)$ **do**

14: 收集 k 邻居信息 $N_G^k(v)$，获得图 $H = G[N_G^k(v) \cup \{v\}]$

15: **if** H 中两个三角形共享一条边 **then**

16: $V_{CT} := V_{CT} \cup \{v\}$

17: **end if**

18: **end for**

19: **if** $V_{CT} \neq \varnothing$ **then**

20: 将 $G[V_{CT}]$ 中的耦合三角形的连通构件替换为附加的顶点和边

21: **end if**

22: **repeat**

23: G 中候选删除边集 $E_{del} := \varnothing$

24: **for** 每条边 $e \in E(G)$ **do**

25: 收集邻居图 $\Gamma_G(e)$

26: **if** e 可以删除 **then**

27: $E_{del} := E_{del} \cup \{e\}$

28: **end if**

29: **end for**

30: 计算图 $G[E_{del}]$ 的极大匹配 E_{MM}

31: $G := G - E_{MM}$

32: **until** $E_{del} = \varnothing$

33: $G_S := G$

在第二阶段，从 V_{del} 中选出一个 k 跳极大独立集（$kMIS$）V_{kMIS}。k 跳极大独立集可以通过简单的分布式贪婪方式实现。独立集 V_{kMIS} 中点的相互距离至少为 $k+1$，因此选入独立集中的这些候选删除点可以在一轮中同时删除而不会引起冲突，并升级连通图 G 为 $G - V_{kMIS}$。算法运行直到可删除点集 V_{del} 为空时终止。分布式边删除方式也可以通过类似的方式实现，更多细节的执行步骤见

算法 3 - 2。

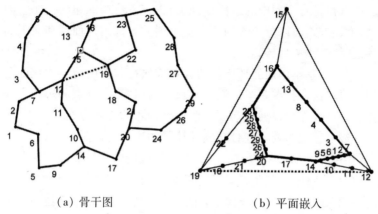

<table>
<tr><td>（a）骨干图</td><td>（b）平面嵌入</td></tr>
</table>

图 3 - 7　分布式平面嵌入

　　第二,描述通过分布式构造骨干图的平面嵌入,生成基本边界环集。首先,在骨干图上识别度大于等于 3 的分支点,比如图 3 - 7(a)中的点 7,12,14,15,16,19,2,23。然后随机选择一个分支点和它的两个邻居,构成一个三角形。本例选择顶点 15 和它的两个邻居 12 和 19 构成三角形⟨12,15,19⟩。然后将该三角形的坐标固定于单位圆上并形成一个等边三角形,剩余点的坐标置于单位圆的圆心。对于不在固定三角性中的节点,每个点迭代地将自己的坐标设为邻居节点的重心。这样的过程实际上是在进行基于虚拟力的平面图嵌入操作。该过程可以有效地分布式执行[56]。当该过程到达预设门限的平衡状态时,就获得了骨干图有理论保证的平面嵌入(Tutte 嵌入[141]),如图 3 - 7(b)所示。由于算法构造的骨干图非常稀疏,所以该过程可以很快地达到平衡状态。通过该平面嵌入过程骨干图上每个点获得它的虚拟坐标。进一步,骨干图上的点可以通过使用这些虚拟坐标将骨干图分割为面环。该拆分过程可以通过类似几何路由(比如 GFG[142], GPSR[143],

GOAFR[144]等)中的绕面的方式分布式实现。相应地,面拆分完成后也获得了骨干图中的最长环,如图3-7(a)中的粗线所示。因此,上述方式可以分布式构造出骨干图的全部内部面环和无限面环,获得基本边界环集。

第三,基本内边界环优化的分布式执行。在内边界优化的前两个阶段需要扩展基本边界环和顶点,就是执行顶点和边插入操作。这些操作可以通过前面类似顶点删除的方式分布式实现,不再赘述。这里主要描述分布式计算紧的边界环。具体来讲,需要遍历E_{gap}中每条gap边,发现G_v中连接该边的最短路径。在分布式执行过程中,初始将最紧环的长度C_{min}设为基本边界环的长度。对于每条gap边$e=(s,t)$,以它的一个端点s在G_v中洪泛消息来构建以s为根节点的最短路径树T_s。该过程可以按照文献[59] 2.1节中分布式构建树的方法实现。不同之处是我们这里限制了消息广播的最大跳数为$l(C_{min})-1$来优化该过程的消息开销。如果在树T_s中存在连接s到t的路径P_e使$l(P_e)+1<l(C_{min})$,那么便得到了更短的环$C_{s,t}=P_e+e$,因此升级C_{min}的值,具体步骤见算法3-3。该过程还可以进一步改进,设V_{cover}是由gap边集导出的子图$G_C[E_{gap}]$的顶点覆盖(图$G[E_{gap}]$的极小的顶点覆盖也可以容易地分布式得到)。不难看出,仅需以V_{cover}中的点为根节点构建最短路径树就可以遍历全部的gap边。这样可以减少以所有gap边的端点出发构建最短路径树的消息开销。

算法3-3 分布式寻找最紧环

输入:基本边界环C,图G_v和gap边集E_{gap}
输出:最紧环C_{min}
1:初始化$C_{min}:=C$
2:**for** 每条边$e=(s,t)\in E_{gap}$ **do**
3: 以点s为根节点构造深度最多为$l(C_{min})-1$的最短路径树T_s

4： **if** t 在 T_s 中　**then**

5：　　获得连接 s 和 t 的一条最短路径 P_e 和环 $C_{s,t} = P_e + e$

6：　　**if** $l(C_{s,t}) < l(C_{min})$ 　**then**

7：　　　更新 $C_{min} := C_{s,t}$，并将数值 $l(C_{min})$ 多播到图 $G_v[E_{gap}]$ 的顶点

8：　　**end if**

9：　**end if**

10：**end for**

除此之外，计算优化的外边界环需要扩展基本环、计算距离临界点的最小距离、计算骨干图。这些步骤的分布式实现方式可以按照上面步骤中的方式类似实现，这里不再赘述。

3.4　理论分析

本节分析边界定义和边界识别算法所具有的相关性质。证明本章定义的拓扑边界在单位圆盘图模型下满足一致性属性，以及边界识别算法可以发现网络的拓扑边界。

3.4.1　预备知识

这里简单介绍本章涉及的一些拓扑学概念和理论。有些定义限于本工作应用的角度进行描述，不一定十分标准，详细的解释可以参看 Munkres[145] 和 Hatcher[146] 著的拓扑学教材。

在代数拓扑学中，单复形是建构拓扑空间的基本模块，这样构建的拓扑空间便于拓扑学概念的离散表示和具体计算。k 单形 σ 是大小为 $k+1$ 的集合，单复形 K 是满足下列条件的单形的集合：(1) K 中任何单形的面仍在 K 中；(2) 任何两个单形 $\sigma_1, \sigma_2 \in K$ 的交是单形 σ_1 和 σ_2 中的面。单复形的维度由其包含单形的最高维

度确定。给定两个拓扑空间 X 和 Y,两个连续映射 f, $g:X \to Y$ 称为同伦的(homotopic),记作 $f \cong g$,如果存在连续映射 $F:X \times I \to Y$,使得对于所有 $x \in X$, $I = [0, 1]$ 有 $F(x, 0) = f(x)$ 且 $F(x, 1) = g(x)$。满足这样条件的映射 F 称为连接 f 和 g 的同伦(homotopy)。从 X 到其子空间 A 的连续映射称为形变收缩(deformation retraction),如果该映射同伦于单位映射 $id_X:X \to X$;同时 A 称为 X 的形变收缩核(deformation retract),记为 $A \prec X$。连续映射 $f:X \to Y$ 称为同伦等价(homotopy equivalence),如果存在映射 $g:Y \to X$,使得复合映射 $g \circ f$ 和 $f \circ g$ 分别同伦于 id_X 和 id_Y。如果存在 $X \to Y$ 的同伦等价,则 X 同伦等价于(homotopy equivalent) Y。同伦等价作为等价关系将拓扑空间划分为同伦类(homotopy classes)。从区间 I 到空间 X 的连续映射称为 X 上的路径。闭合的路径称为环。一个环如果同伦等价于常环,则是可收缩的。在空间 X 中通过基点 x_0 的环的等价类的集合,形成空间 X 的基本群(fundamental group),记作 $\pi_1(X; x_0)$。空间 X 是路径连通的并且有平凡的基本群,则 X 是单连通的。如果 X 是路径连通的,则对于任何两点 $x_1, x_2 \in X$,群 $\pi_1(X, x_1)$ 和 $\pi_1(X, x_2)$ 是同构的,即 $\pi_1(X, x_1) \simeq \pi_1(X, x_2)$,因此记号 $\pi_1(X, x_0)$ 通常缩写为 $\pi_1(X)$。

3.4.2　拓扑边界的一致性

本节证明定义 3.1 中给出的拓扑边界具有一致性属性,如定理 3.2 所述。证明定理 3.2 之前,首先介绍引理 3.1。如本章 3.2 节所述,图 G 的嵌入 ε 唯一地定义了 Δ_G 的阴影 $\overline{\Delta_G^\varepsilon}$。设 $\overline{\Delta_G}$ 表示 Δ_G 所有可能的有效嵌入生成的阴影集合。基于嵌入和投影变换的映射构成了从 Δ_G 的基本群到 $\overline{\Delta_G}$ 的基本群间的同态映射。进一步,当图 G 是单位圆盘图时,该同态映射也是同构映射。

引理 3.1　给定单位圆盘图 G, Δ_G 和 $\overline{\Delta_G}$ 的基本群同构,

$\pi_1(\Delta_G) \simeq \pi_1(\overline{\Delta_G})$。

证明:该结论可以基于文献[136]的定理 3.1 和文献[147] 3.6 节中的推论 18 得到。证毕□

定理 3.2　定义 3.1 中的拓扑边界在单位圆盘图模型下满足一致性。

证明:给定图 G 的嵌入 ε_1,设环 C 是 G 的一个拓扑边界环。根据定义 3.1,$\overline{\Delta_C^{\varepsilon_1}}$ 同伦于 $\overline{\Delta_C^{\varepsilon_1}}$ 的几何边界。下面分两种情况:若 $\overline{\Delta_C^{\varepsilon_1}}$ 在 $\overline{\Delta_C^{\varepsilon_1}}$ 中是零同伦的,则 C 在 Δ_G 中是可收缩的,因此是 Δ_G 的平凡拓扑边界;若 $\overline{\Delta_C^{\varepsilon_1}}$ 在 $\overline{\Delta_C^{\varepsilon_1}}$ 中不是零同伦的,则根据引理 3.1,C 在 Δ_G 必为不可收缩的。对于 G 的任一其他嵌入 ε_2,$\overline{\Delta_C^{\varepsilon_2}}$ 将仍为不可收缩的,否则,C 将在 Δ_G 中是可收缩的,所以 $\overline{\Delta_G^{\varepsilon_2}}$ 必围绕 $\overline{\Delta_C^{\varepsilon_2}}$ 中至少一个空洞。证毕□

3.4.3　算法正确性分析

本节证明抽取的骨干图是能够准确反映初始连通图的平面结构,进而每个基本边界环正确地对应于网络的拓扑边界。由于 Δ_G 与 G 间的一一对应关系,为便于描述,接下来我们将 Δ_G 中的拓扑学概念对应到 G 中。在讨论连通性和基本群等概念时,如果不导致歧义,将 G 与 Δ_G 不做区分。即当图 G 和 H 是同伦等价的,亦指 Δ_G 与 Δ_H 是同伦等价的,而 G 的基本群 $\pi_1(G)$ 指的是 Δ_G 的基本群 $\pi_1(\Delta_G)$,等等。接下来首先证明 FGP 变换不改变图的基本群。

定理 3.3　FGP 变换不改变图的基本群。

证明:首先证明 FGP 变换中的顶点插入操作不改变图的基本群。下面证明在图 G 中插入顶点 v 后生成图 $G' = G + v$,G' 与 G 的基本群同构,即 $\pi_1(G') \simeq \pi_1(G)$。从 FGP 变换的点插入操作可知存在单连通图 $G'' \subseteq G$,使图 $\Gamma_{G'}(v) \subseteq G''$。设 $G_v = G'[N_{G'}(v) \cup \{v\}]$ 和 $H = G'' \cup G_v$,则有 $G' = G \cup H$。容易验证 G_v 是单连通的。

接下来说明 $\Gamma_{G'}(v) = G'' \cap G_v$。由于 $\Gamma_{G'}(v) = G'[N_{G'}(v)] = G[N_{G'}(v)]$，$\Gamma_{G'}(v) \subseteq G''$ 且 $G'' \subseteq G$，所以存在 $E'' \subseteq E(G)$ 且 $E'' \cap E(\Gamma_{G'}(v)) = \varnothing$，使得 $G'' = \Gamma_{G'}(v) + E''$。由于 $G_v = G'[N_{G'}(v) \cup \{v\}]$，设 E_v 表示图 G' 中与点 v 相邻的边，则有 $G_v = \Gamma_{G'}(v) + E_v$ 和 $E_v \cap E(\Gamma_{G'}(v)) = \varnothing$，因此 $E_v \not\subseteq E(G)$ 且 $E_v \cap E'' = \varnothing$。因此 $E(G'') \cap E(G_v) = (E(\Gamma_{G'}(v) + E'')) \cap (E(\Gamma_{G'}(v) + E_v)) = (E(\Gamma_{G'}(v)) \cup E'') \cap (E(\Gamma_{G'}(v)) \cup E_v) = E(\Gamma_{G'}(v))$。显然由于 $N_{G'}(v) \subseteq V(G'')$ 且 $V(G_v) = N_{G'}(v) \cup \{v\}$，所以 $V(G'') \cap V(G_v) = N_{G'}(v)$。因此 $\Gamma_{G'}(v) = G'' \cap G_v$。

因此根据如下三个条件得到 H 是单连通的：(1) $H = G'' \cup G_v$ 和 $\Gamma_{G'}(v) = G'' \cap G_v$；(2) G'' 和 G_v 是单连通的，$\Gamma_{G'}(v)$ 是路径连通的；(3) Van Kampen 定理和推论，详见文献[145]中的推论59.2和文献[40]中的定理6.4.3。

进一步，由于 $G' = G \cup H$ 和 $G'' = G \cap H$ 与 H 的简单连通性，根据 Van Kampen 定理在单复形中的应用，见文献[40]中的推论6.4.4 和6.4.5，可得 $\pi_1(G') \simeq \pi_1(G)$。类似上述方式可以证明边插入、顶点或边删除操作也不改变图的基本群，细节不再赘述，所以系列的删除和插入操作的组合仍不改变图的基本群。证毕□

推论3.4 FGP 不改变图的单连通性。

从定理3.3可知，构造的骨干图与初始连通图在基本群意义下是等价的。需要指出的是，定理3.3所述结论的正确性与图模型无关，因而具有广泛的适用性。接下来在单位圆图模型中证明更多的结论。在本章余下的定理和引理中，假设 G 是单位圆盘图，并设 ε 是 G 的任意有效嵌入。

引理3.5 设 G' 是从图 G 中通过 FGP 变换的顶点删除或无耦合边删除得到的子图，则 $\overline{\Delta_{G'}^{\varepsilon}}$ 是 Δ_G^{ε} 的形变收缩核。

证明：可以归纳地证明从图 G 中删除一个顶点或边的情况。类似于定理3.3的证明中对删除构件和剩余图间的关系分析，并结合文献[136]2.2节中的方式,利用单位圆盘图的性质,不难分析得到单个顶点或边删除,或者使 $\overline{\Delta_G^\varepsilon}$ 保持不变,或者沿着折线段从 $\overline{\Delta_G^\varepsilon}$ 中割下一个单连通区域。证毕□

图3-8解释了3.3节所描述的示例中骨干图抽取过程中顶点删除的形变收缩过程。图中浅色和深色区域分别表示初始网络和化简后网络的阴影。

定理3.6　仅需要局部的连通性信息来执行FGP变换的顶点和边的插入或删除操作。

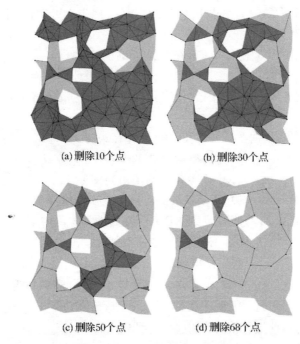

(a) 删除10个点　　　　　　(b) 删除30个点

(c) 删除50个点　　　　　　(d) 删除68个点

图3-8　顶点删除的形变收缩过程

证明:仅考虑顶点删除的情况,其他情况可同理证明。为了确定图 G 中点 v 是否可以删除,需要验证两个条件:(1)邻居图

$\Gamma_G(v)$是连通的;(2)存在单连通图 $G' \subseteq G - v$,使得 $\Gamma_G(v) \subseteq G'$。第一个条件显然仅需点 v 的 1 跳邻居间的连通性信息。对于第二个条件,如果 $\Gamma_G(v)$ 本身已经是单连通的,那么则可设 $G' = \Gamma_G(v)$,因此仍仅用 1 跳连通性信息。

下面主要分析 $\Gamma_G(v)$ 是连通的但非单连通的情况。通过图 3-9 解释这样的情况。图3-9(a)所示的是由顶点 $\{A, B, C, D, E\}$ 导出的邻居图 $\Gamma_G(v)$。图3-9(b)所示的是 $\Gamma_G(v)$ 在嵌入 ε 下的阴影 $\overline{\Delta^{\varepsilon}_{\Gamma_G(v)}}$。在 $\overline{\Delta^{\varepsilon}_{\Gamma_G(v)}}$ 的内部有多边形空洞区域 $baCD$。假设存在单连通图 $G' \subseteq G - v$ 使得 $\Gamma_G(v) \subseteq G'$,从引理 3.1 可知,对于多边形 $baCD$ 内部任意一点,不妨记为 o,在图 $G - \Gamma_G(v)$ 中必定存在至少一个三角形 T 使得点 o 落在三角形的阴影 $\overline{\Delta^{\varepsilon}_T}$ 内。设 T_{XYZ} 是图 $G - \Gamma_G(v)$ 中覆盖点 o 的任意三角形。接下来证明所有 T_{XYZ} 的顶点距离点 v 最多 2 跳,因此仅需最多 v 的 2 跳邻居信息来搜索图 G'。

进一步,根据 T_{XYZ} 与 $\Gamma_G(v)$ 是否存在边交叉,将 $\overline{\Delta^{\varepsilon}_{\Gamma_G(v)}}$ 与 $\overline{\Delta^{\varepsilon}_{T_{XYZ}}}$ 的相对位置关系可分为两类。如果 T_{XYZ} 与 $\Gamma_G(v)$ 交叉,如图 3-9(b)所示,那么在 T_{XYZ} 中至少存在两个边与图 $\Gamma_G(v)$ 中的边交叉,如图 3-9(b)中的边 XZ 和 YZ,此时根据文献[148]的定理 3.5 的证明可知,X, Y, Z 都将距离图 $\Gamma_G(v)$ 仅 1 跳。本例中因为 YZ 与 AC 相交,所以 Y 和 Z 必定是 A 或 C 的 1 跳邻居。如果 $\overline{\Delta^{\varepsilon}_{T_{XYZ}}}$ 与 $\overline{\Delta^{\varepsilon}_{\Gamma_G(v)}}$ 不相交,通过利用单位圆盘图的属性,可以容易地排除 $\overline{\Delta^{\varepsilon}_{\Gamma_G(v)}}$ 在 $\overline{\Delta^{\varepsilon}_{T_{XYZ}}}$ 内部的情况,而仅需考虑 $\overline{\Delta^{\varepsilon}_{T_{XYZ}}}$ 在 $\overline{\Delta^{\varepsilon}_{\Gamma_G(v)}}$ 内部的情况,如图 3-9(c)所示。此时 X, Y, Z 必是点 v 的直接邻居,从而包含在 $\Gamma_G(v)$ 中,因此这种情况也可排除。证毕□

定理 3.7 骨干图 G_S 是不包含三角形的平面图,且 G_S 和 G 的基本群同构。

证明:给定图 G 和极大删除 G 中顶点得到的图 G_{vd},如果 G_{vd} 中没有两个三角形共享相同的边,那么边 e_1 和 e_2 中任何两条边在

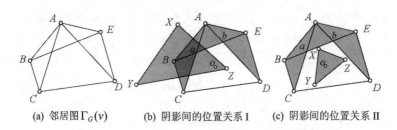

(a) 邻居图 $\Gamma_G(v)$　　　(b) 阴影间的位置关系 I　　　(c) 阴影间的位置关系 II

图 3 - 9　FGP 变换顶点删除利用局部连通性信息

嵌入 ε 中将不会相交。否则设 V_0 是边 e_1 和 e_2 的四个顶点,基于单位圆盘图的边交叉性质[148], $G_{vd}[V_0]$ 将必定包含共享相同边的三角形,矛盾。因此,图 G_{vd} 的嵌入 G_{vd}^{ε} 实际上与其阴影 $\overline{G_{vd}^{\varepsilon}}$ 重合,所以 G_{vd}^{ε} 是 G_{vd} 的有效平面嵌入,即 G_{vd} 是平面图。另一方面,如果在 G_{vd} 中存在耦合的三角形,设 $E_0 \subseteq E(G_{vd})$ 是至少与其他边相交一次边的集合,$G_0 = G_{vd}[E_0]$。设 G_0 由一系列独立的连通分支 H_i 组成,即 $G_0 = \cup_i H_i$。设 $G_1 = G_{vd} - E_0$,$V_{share} = V(G_{vd}) \cap V(G_0)$ 是图 G_0 与 G_1 间共享的顶点,$V_i = V_{share} \cap V(H_i)$。对于单连通图 H_i,算法将用点 v_{H_i} 和边集 $E_{H_i} = \cup_{v \in V_i}(v_{H_i}, v)$ 替换掉 H_i,对图 G_{vd} 这样的操作符合 FGP 变换。对于这些插入的顶点集 $\{v_{H_i}\}$ 和边集 $\{E_{H_i}\}$,可以扩展嵌入 ε 在它们上的定义,不妨设定 v_{H_i} 和 E_{H_i} 被嵌入到 $\overline{H_i^{\varepsilon}}$ 的形变收缩核内,因而使得 G_{vd}^{ε} 仍为平面图。如果 H_i 不是单连通的,它可以被分割为单连通的子图,再执行类似的替换操作将不会违背 FGP 变换。因此通过对平面图 G_{vd} 执行边删除之后的骨干图 G_S 存在有效的平面嵌入。同时由于边删除的极大性,G_S 不再包含三角形。最后,由于所有的操作符合 FGP 变换和定理 3.3,所以 G_S 和 G 的基本群同构。证毕□

　　定理 3.8　设 C 是算法成功的生成的图 G 的一个基本边界环,则 $\overline{\Delta_C^{\varepsilon}}$ 同伦于 $\overline{\Delta_C^{\varepsilon}}$ 的一个几何边界。

　　证明:假设骨干图 G_S 通过从 G 中执行 FGP 变换的顶点删除

和无耦合的边删除得到。由引理 3.5 知 $\overline{\Delta_{G_S}^\varepsilon}$ 是 $\overline{\Delta_G^\varepsilon}$ 的形变收缩核。如果在边删除过程中有耦合的三角形,如同定理 3.7 的证明中所述,可以扩展嵌入函数 ε 使 $\overline{\Delta_{G_S}^\varepsilon}$ 仍为 $\overline{\Delta_G^\varepsilon}$ 的形变收缩核。从定理 3.7 知 G_S 不包含三角形,Δ_{G_S} 实际上是 1 维的单复形,所以可将 $\overline{\Delta_{G_S}^\varepsilon}$ 视为 G_S 的有效平面嵌入。综上,G_S 的面环 C 的阴影 $\overline{\Delta_C^\varepsilon}$ 对应于 $\overline{\Delta_{G_S}^\varepsilon}$ 中的一个有限面或无限面,因此同伦于 $\overline{\Delta_G^\varepsilon}$ 的一个几何边界。证毕□

定理 3.9 每个优化的边界环同伦于与其对应的基本边界环。

证明:给定图 G 的基本边界环 C,设通过收缩或扩张两种途径获得与之对应的优化边界环为 C'。扩张操作作用于外边界,仅涉及 FGP 变换,所以根据定理 3.3 有 C' 在图 G 中同伦于 C。对基本内边界环 C 的收缩操作主要包括四步:(1)基于 FGP 变换将 C 极大地扩展为 G_c;(2)通过极大扩展 G_C 中顶点 v 得到图 $G_v \subset G_C$;(3)对 gap 边集 E_{gap} 中的每条边 $e = (v_{e,1}, v_{e,2})$,计算图 G_v 中连接点 $v_{e,1}$ 和 $v_{e,2}$ 的最短路径 P_e,得到环 $C_e = P_e + e$;(4)取 C' 是环集 $\{C_e \mid \forall e \in E_{\text{gap}}\}$ 中的最短环。

由定理 3.8 可知,对于 G 中基本内边界环 C,其阴影 $\overline{\Delta_C^\varepsilon}$ 对应于 $\overline{\Delta_G^\varepsilon}$ 的几何边界。设 δ_C 表示被 $\overline{\Delta_C^\varepsilon}$ 包围的空洞区域。设记号 $\delta_C \in \overline{\Delta_C^\varepsilon}$ 表示 $\overline{\Delta_C^\varepsilon}$ 包围 δ_C。接下来考虑图 G_C 通过在环 C 中极大地基于点的扩张获得的子图 $H \subset G_C$,H 包含环 C,且有 $\overline{\Delta_C^\varepsilon}$ 是 $\overline{\Delta_H^\varepsilon}$ 的形变收缩核和 $\delta_C \in \overline{\Delta_H^\varepsilon}$。设 I 是在图 $H \subset G_C$ 中通过极大地扩展顶点 v 得到的图,则有 $V(I) \subset V(H)$。

设 u 是 $V(I) \setminus V(H)$ 中一点,$u \in V(I) \setminus V(H)$,若按基于顶点扩展方式将点 u 加入到图 I 中得到图 $I_u = I + u$,则 I_u 是 H 顶点导出子图。由于 I 同伦于 v,而 I_u 不同伦于 v 以及引理 3.1,必有 $\overline{\Delta_{I_u}^\varepsilon}$ 是 $\overline{\Delta_H^\varepsilon}$ 的形变收缩核,即 $\overline{\Delta_{I_u}^\varepsilon} < \overline{\Delta_H^\varepsilon}$。设 E_u 是图 G 中与点 u 邻接的边集。由于 G_C 中的边通过 FGP 变换被极大地扩展到 G_v 中,所以将

分别存在边 $g \in E_u \cap E(G_v)$ 和 $f \in E_u \backslash E(G_v)$，使得图 $I_f = (I + g) + f \subseteq I_u$ 且 $\overline{\Delta_{I_f}^\varepsilon}$ 是 $\overline{\Delta_{I_u}^\varepsilon}$ 的形变收缩，$\overline{\Delta_{I_f}^\varepsilon} < \overline{\Delta_{I_u}^\varepsilon}$。所以 $\overline{\Delta_{I_f}^\varepsilon} < \overline{\Delta_H^\varepsilon}$。显然 $f = (v_{f,1}, v_{f,2})$ 是一个条 gap 边，即 $f \in E_{\mathrm{gap}}$。若在 I 中构造最短路径 P_f 连接点 $v_{f,1}$ 和 $v_{f,2}$，并获得环 $C_f = P_f + f$，则不难分析出环 C_f 包含洞 δ_C，$\delta_C \in \overline{\Delta_{C_f}^\varepsilon}$。同时由于 C_f 也是 H 和 G_C 中的环。由于 $\pi_1(C_f) \simeq \pi_1(I_f) \simeq \pi_1(H) \simeq \pi_1(G_C) \simeq \pi_1(C)$，所以 C_f 在 G_C 中同伦于 C。设 $P_{f'}$ 是 G_v 中连接 $v_{f,1}$ 和 $v_{f,2}$ 的最短路径，显然 $P_{f'}$ 在 G_v 中同伦于 P_f，因此环 $C_{f'} = P_{f'} + f$ 在 G_C 中同伦于 $C_f = P_f + f$。因此环 $C_{f'}$ 是 G_C 中同伦于 C 的候选环。设图 $G_{v,f} = G_v + f$，则 $G_{v,f}$ 同伦等价于 G_C。所以此时全部边 $E_{gap'} = E(G_C) \backslash E(G_{v,f})$，$E_{gap'} \subset E_{gap}$，可以通过 FGP 变换逐渐插入到图 $G_{v,f}$ 中得到图 G_C。通过归纳 $E_{gap'}$ 中边插入的序列，可进一步证明，对于任意的边 $h \in E_{gap'}$ 有 $G_{v,h} = G_v + h$ 同伦等价于 G_C，因此候选环 $C_h = P_h + h$ 在图 G_C 中同伦于 C。证毕□

从定理 3.9 可直接得到定理 3.10。

定理 3.10　如果 G_C 中包含仅通过一条 gap 边的最短环，则算法生成的紧的内边界环是等价环中最短的。

3.5　性能评估

本节执行大量的模拟程序来测试方法的有效性，并且将本章提出的基于图的拓扑变换的边界识别方法（简记为 TTG）同 Wang，Gao 和 Mitchell 等人[59]在 MobiCom'06 上提出的边界识别算法（简记为 WGM）进行比较。WGM 方法是此前被广泛认为最好的传感器网络中的边界识别算法。

3.5.1 定性评估

首先通过定性评估来验证方法的有效性,并解释 WGM 方法在检测小洞时的不足。在该组模拟实验中,节点使用两组部署模型:均匀随机和扰动网格。目前的边界识别算法主要采用这两种部署模型[59, 85]。在扰动网格部署模型中,节点首先部署在网格点上,再对每个节点进行小的随机扰动。在随机部署模型中,节点均匀随机部署在整个区域。图 3 - 10(a,c) 所示分别是扰动网格和均匀随机生成的网络,图中粗线是 TTG 算法生成的骨干图,其中平均节点度分别为 8 和 10,每个网络都包含 1600 个节点,都是单位圆盘图通信模型。进一步,图 3 - 10(b,d) 所示是 TTG 算法检测的内外边界环。从这些结果可以检验出 TTG 算法成功地检测出全部不同大小的边界环。进一步从图 3 - 10(a,c) 所示的网络中,可以观察到扰动网格网络倾向于包含大小均一的小洞,而随机网络中经常包含较大的洞。TTG 能检测出随机网络中全部的大洞和小洞。这样的效果也在不同网络规模的更多例子中得到验证。图 3 - 10(e,f) 显示的是 TTG 算法在结构化的具有多个洞的复杂网络中的执行效果。

下面的实验进一步检测 WGM 在不同网络中的检测效果。WGM 算法的关键步骤是设定网络空洞的检测门限值并检测割点对集(cut pairs)。实验在图 3 - 4(a) 和图 3 - 10(a,c,e) 所示的网络实例中测试 WGM 算法。同时改变门限值来设定 WGM 算法期望检测的最小空洞。图 3 - 10(g,h,i) 分别为检测 4、5、6 跳洞情况下的割点对集。图中浅粗线表示最小路径数,方块节点表示树根,深色的线和小圆圈表示割点对集构成的连通的割分支(cut branches)。从这些实验结果图可见,WGM 算法发现的大量的割分支融合到一起,并且许多割分支并不对应实际的网络空洞。进一步的测试表明,割分支的结构容易受到空洞检测门限值的影响。检测门限值的较小改变可能对割分支的形状和数量产生很大的影响。图 3 - 10(j、k、l)所示分别是当设定检测门限值为 4、8、12 时的情况。通过对算法 WGM 进行更多的模拟,可以发现当网络中存在较多数量的洞时,无论怎样选择其算法中最短路径树根节点的位置,总有一些割分支融合在一起。这使 WGM 算法很难从这些融合的割分支正确地构造基本边界环。综合本节的仿真实验结果可见,TTG 在两种部署方式中均有良好的表现,能够比 WGM 方法更准确地定位更多的洞,尤其是在网络部署区域包含较多的洞时。

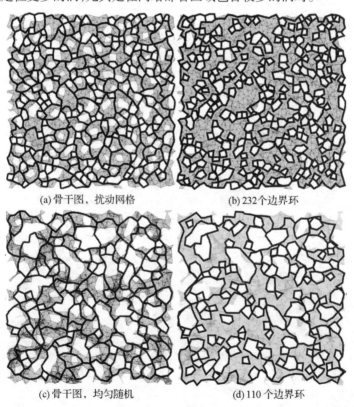

(a)骨干图, 扰动网格　　　　(b) 232个边界环

(c)骨干图, 均匀随机　　　　(d) 110 个边界环

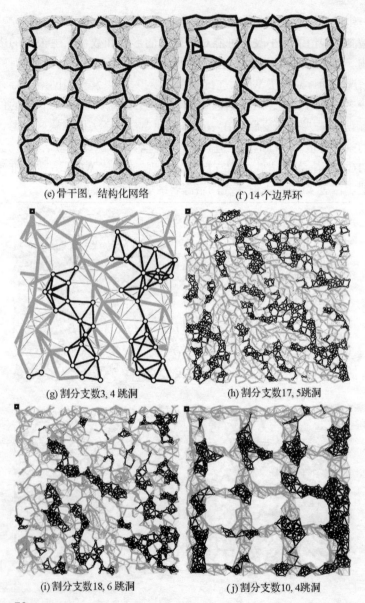

(e) 骨干图，结构化网络　　(f) 14个边界环

(g) 割分支数3, 4跳洞　　(h) 割分支数17, 5跳洞

(i) 割分支数18, 6跳洞　　(j) 割分支数10, 4跳洞

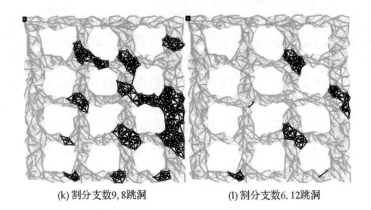

(k) 割分支数9,8跳洞　　　　(l) 割分支数6,12跳洞

图3-10　对 TTG 和 WGM 的定性评测

3.5.2　定量评估

这组模拟实验在随机生成的网络中定量地研究边界数量的分布和 TTG 算法的效果。首先在单位圆盘图模型中测试网络中洞的数量分布。在方形区域内按照扰动网格和均匀随机的方式分别部署 900,1600 和 2500 个节点,平均节点度从 3 变到 25。每一配置在独立随机生成的网络中执行 100 次算法,取平均值作为结果。图3-11(a,b)显示网络中洞和连通分支的数量随节点度变化的分布。在扰动网格分布中,网络空洞的数量集中于节点度从 5 到 10 这个区间,并在 6 附近达到最大,此时网络整体上变得连通,同时密度较低,所以洞的数量最大。在均匀随机分布的网络中洞的分布与扰动网格的情况明显不同,变得更平滑且分布区间更大。这主要是由于在扰动网格分布中主要包含小洞,这些小洞在网络密度较高时消失了,而随机网络中即使密度很大时仍会包含一些空洞。

下面在不同的图模型中测试 TTG 算法生成骨干图的平面性。骨干图的平面性为 TTG 算法进一步计算基本边界环提供了重要保障。本节中证明骨干图在单位圆盘图中是平面图。该组模拟实验检验骨干图在 ρ 准单位圆盘图中的平面性。考虑到网络中的空洞主要出现于平均节点度为 5 到 13 的网络中,如图 3 – 11(a,b) 所示。因此这组实验以该区间的节点密度分别按扰动网格和均匀随机的网络方式部署 900 个节点。图 3 – 11(c)和(d)中显示在 0.7 到 0.9 准单位圆盘图中生成骨干图的概率。从图 3 – 11(c)和 (d)中的结果可见,当通信网络的不规则性较小时($\rho > 0.8$), TTG 算法能以很高的概率($> 80\%$)生成平面的骨干图。

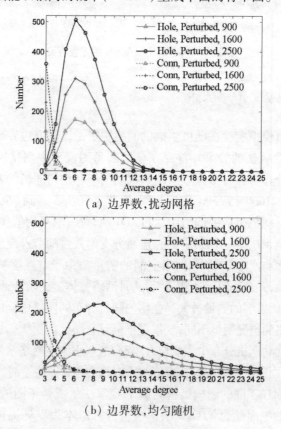

(a)边界数,扰动网格

(b)边界数,均匀随机

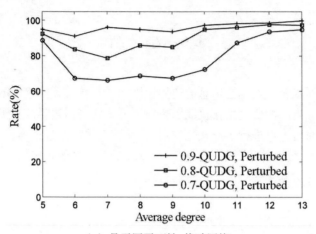

（c）骨干图平面性，扰动网格

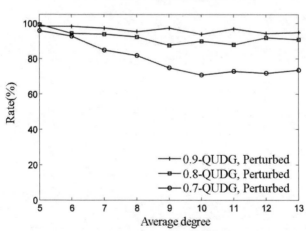

（d）骨干图平面性，均匀随机

图 3-11　定量的实验结果

3.6 小 结

不依赖节点位置信息的边界识别问题是传感器网络中的重要问题。当前的研究工作仅能以粗粒度方式实现对边界的检测。本章对网络边界进行了形式化的定义,并首次提出基于连通性信息、细粒度、分布式边界识别算法。本章分析了算法的正确性,并通过大量的仿真实验验证了算法的有效性。

第四章　不依赖位置信息的
虫洞拓扑识别

第三章讨论了不依赖位置信息的边界识别技术，用以检测平面空洞这一重要的网络低维拓扑特征。本章进一步识别网络由于受到虫洞攻击而产生的高维的拓扑特征。虫洞攻击是无线自组织和传感器网络中具有严重危害的攻击。当前的虫洞检测机制往往需要专门的硬件设备或基于理想的网络假设，这些条件限制了方法的可用性。本章致力于从传感器网络的连通图中分析虫洞攻击对网络拓扑产生的根本影响，并设计基于最小假设的虫洞检测机制。本章首次运用拓扑学方法对传感器网络中的虫洞问题进行了深入分析，提出基于网络连通性信息来检测虫洞拓扑的分布式方法。该方法对硬件设备没有任何特别要求，也不需对网络设定更多的额外假设。本章对方法的正确性在连续域进行了严密论证，设计了在大规模传感器网络中可分布式执行的虫洞检测算法，并通过大量的模拟验证了方法的有效性。

4.1 引 言

虫洞攻击是无线自组织与传感器网络中一种严重的攻击[86-88]。在虫洞攻击中,攻击者在网络中相距较远的两个地点间建立优质高速的虫洞链路,使得虫洞两端的节点间能够通过虫洞直接传输数据包。图 4-1(a)是虫洞攻击的一个示意图。攻击者部署的通信链路称为虫洞。在图 4-1(a)所示的例子中,AB 表示一个虫洞链路,连接着较远的两个区域,攻击者通过捕捉一端的物理层无线信号(或链路层数据包)并转发到另一端,使得相距较远的两个节点 n_1 与 n_2 感觉它们是直接的邻居,彼此物理距离很近。因为虫洞能吸引大量网络数据包,所以通过虫洞攻击能发动多种攻击,比如选择性的丢包、篡改包、乱序发送等。进一步通过收集并分析大量的网络数据包,攻击者能够利用虫洞攻击作为跳板发动更为严重的攻击,比如协议分析、密码破解、中间人攻击等。所以虫洞攻击极大地危害网络中的各种协议和功能,包括路由、定位、拓扑控制等[88]。虫洞攻击的另一个显著特点是,攻击者可以在不破坏任何合法节点或是密码机制[88]的情况下发动该攻击。因此,仅基于密码学的安全机制无法解决虫洞攻击。

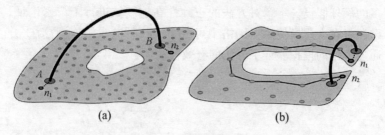

图 4-1 虫洞攻击的示例

虫洞攻击是无线自组织与传感器网络中近年来研究的热点问题,引起了广泛的关注[86-88, 101, 103, 105, 109, 149]。众多国际知名学者提出大量的虫洞检测方法。总体来讲,现存的虫洞检测方法都需要依赖于专业的硬件设备或对于网络设定较强的假设条件来识别虫洞攻击的某种网络症状。比如有些方法需要使用专门的硬件,包括 GPS[88, 101]、定向天线[105]、专门的无线信号收发模块[103]等,因此增加了系统在硬件方面的额外开销。其他的检测方法也需要对网络设定一些较强的假设,比如有的基于全网时间精确同步的严格假设[88],有的基于特制的警卫节点假设[149]、安全的初始环境假设[106]或是图通信模式假设[109]等。对专用硬件的依赖和较强网络假设制约了这些方法在资源受限的传感器网络中的适用性。

在资源受限的自组织和传感器网络中,寻找理想的虫洞症状,并基于此设计不依赖强假设的有效方法是当前虫洞研究面临的主要挑战。现有的方法都依赖于特殊硬件或严格假设来捕获特定的虫洞症状。为了充分解决无线自组织与传感器网络中的虫洞攻击问题,我们需要回答下面两个问题:(1)什么症状能够刻画虫洞攻击的本质特征;(2)如何设计不依赖严格假设的分布式虫洞检测机制。本章的目标是设计仅依赖网络连通信息的分布式检测虫洞机制,研究重点是从根本上审视传感器网络的拓扑结构,以期识别虫洞攻击所产生的拓扑影响。

我们主要利用现实情况中网络部署的空间特性,即正常的传感器网络部署在几何地形的表面。虽然它们可能有不规则的边界或内部障碍等,但这类部署空间可以统一界定为 0 亏格的流形曲面。虫洞的出现不可避免地导致网络拓扑的亏格数增大或具有奇异性。基于虫洞对拓扑的影响,本章把虫洞分为不同的种类;然后设计拓扑学方法来捕捉由虫洞导致的根本的拓扑学背离现象,进而通过追踪这些异常现象的根源来定位虫洞。本章的方法仅利用网络连通性信息,可分布式执行且不需要任何特殊的硬件设备,也不需对网络设定更多的额外假设,不需要节点位置的已知性、网络时间的同步、单位圆盘图通信模型或是专门的警卫节点等方法所需的条件。本方法从一个不同的维度解决虫洞问题,与现存的方法具有正交性(或互补性)。

本章余下部分组织如下:4.2 节形式化定义虫洞问题及检测方法;4.3 节描述一种初步尝试的基于连通信息的检测方法;4.4节从拓扑学的角度刻画虫洞攻击,并阐述方法的设计思路和理论基础;4.5 节详述方法在离散网络中的分布式协议设计;4.6 节通过大量模拟实验检验方法的有效性;4.7 节总结本章。

4.2　问题描述

Poovendran 等人[108]在有几何表出的单位圆盘图通信模型中对虫洞问题做出了明确定义。该定义认为如果两个端点间的欧氏距离超过最大通信范围,那么该通信链路即为虫洞链路。该定义非常简练,但也有很大的局限性。首先该定义局限于比较理想的单位圆盘图通信模型;其次基于欧氏距离的定义方式天然地将虫洞特性与几何环境绑定起来,从而弱化或忽略了虫洞对网络连通性的本质影响。我们通过如图 4-1(b)所示的例子来具体解释这种定义的局限性。在图 4-1(b)中,节点 n_1 与 n_2 的欧氏距离很小,甚至可能在网络的最大通信半径内,但是它们之间可能由于障碍物或者其他干扰因素而不能通信。因此在当前的网络中它们之间的最短路径很长,如图 4-1(b)中的细线所示。这时如果一条外部的通信链路被插入到网络中并连接 n_1n_2 两点,如图中粗线所示。那么 n_1n_2 两个节点就可以直接通信,所以它们之间的最短路径被极大地缩小了。这将进一步影响网络内许多其他点间的通信。显然在此例中出现了虫洞攻击。但基于欧氏距离的虫洞定义却不能涵盖这样的虫洞攻击,因为节点 n_1 和 n_2 之间的距离并未超过最大通信距离门限。进一步来讲,这样的虫洞攻击也不能被前面提到的第一类基于欧氏距离异常现象的方法所检测。这种现象的出现主要是因为几何距离并不能完全反映网络中的通信距离。因此本书提出更为一般的虫洞攻击定义,如定义 4.1 所述。该定义旨在从网络连通拓扑的角度反映虫洞的固有特性。

定义 4.1　一般化的虫洞攻击。设 G 为网络通信图,w 为网络中的一种攻击,G_w 为攻击 w 发生后的通信图,$L(u,v)$ 和 $L_w(u,v)$ 分别表示任意一对节点 $u,v \in V(G) \cap V(G_w)$ 在 G 和 G_w 上的最短路径;如果 $L_w(u,v) < L(u,v)$,则称 G_w 处于虫洞攻击中(或者说 w 发起了虫洞攻击);设 $\lambda_{uv} = L(u,v) - L_w(u,v)$,虫洞攻击 w 的攻击强度定义为 $\lambda = \max\{\lambda_{uv} | u,v \in V(G) \cap V(G_w)\}$。

定义 4.1 仅仅依赖网络连通拓扑定义了一般化的虫洞,显然 Poovendran 等人基于欧氏距离定义的虫洞均已被该定义涵盖。攻击强度 λ 描述了虫洞引起的拓扑形变的强度。大的 λ 数值直观上讲对应着网络拓扑有更高强度的形变。接下来定义一般化的虫洞检测方法。

定义 4.2　一般化的虫洞检测方法。设 $\mathscr{G}$ 为任意可能通信图的全集,$\mathscr{G}_L \subseteq \mathscr{G}$ 表示合法网络通信图的集合,$\mathscr{K}$ 表示对合法网络通信图的先验知识,$\mathscr{P}$ 表示网络属性集,包括图或拓扑的不变量等;$\mathscr{M}_{\mathscr{K}}:\mathscr{G} \to \mathscr{P}$ 表示从通信图集合到网络属性集合的映射;如果对于任意的通信图 $G \in \mathscr{G}_L$,都有 $\mathscr{M}_{\mathscr{K}}(G) \subseteq \mathscr{M}_{\mathscr{K}}(\mathscr{G}_L)$ 成立,则称 $\mathscr{M}_{\mathscr{K}}$ 提供了一种没有误报(假阳性)的检测方法;如果对于任给的通信图 $G \notin \mathscr{G}_L$,都有 $\mathscr{M}_{\mathscr{K}}(G) \not\subseteq \mathscr{M}_{\mathscr{K}}(\mathscr{G}_L)$ 成立,则 $\mathscr{M}_{\mathscr{K}}$ 是一种无漏报(假阴性)检测方法;如果既不产生误报也不产生漏报,则 $\mathscr{M}_{\mathscr{K}}$ 就是一种完美的检测方法。

定义 4.2 从本质上涵盖了所有可能的基于网络拓扑的虫洞检测方法。每种具体地方法的不同之处在于利用合法网络的何种先验知识和网络具有的何种拓扑属性。可以用文献[109]中的虫洞检测方法作为定义4.2的一个实例来解释这一点。文献[109]的方法假设的先验知识是合法网络通信图为单位圆盘图,而主要利用的症状属性为单位圆盘图中纺锤形区域内独立集点填充数的最大值为2。

4.3 虫洞拓扑的初步识别方法

本节基于对虫洞拓扑中一种简单的拓扑异常现象的观察,提出一种初步的检测方法,称为虫圈算法。下面首先在连续域中解释算法的主要思想,然后描述离散网络中的检测算法的执行方式,最后分析该方法的优劣。

4.3.1 虫圈算法的设计思路

方法的主要思想源于虫洞对物理信号传播的影响。考虑平面上的一点 s,以该点作为一个物理波的发起源。从 s 出发的圆形波阵面在平面上逐渐传播。当没有虫洞时,波阵面的前沿位于到 s 的等距线上,如图4-2(a)所示。但当平面上存在虫洞时,将发生如图4-2(b)所示的现象,图中粗细表示两个虫洞。当波传播到虫洞的一端时,它会通过虫洞快速地传到另一端。在虫洞的另一端,传出的波阵面则形成绕虫洞端点的小圈。本书称这些小圈为虫洞衍射圈(简称虫洞圈)。

虫洞圈是由虫洞导致的特殊症状。虫圈算法的主要思想是通过检测虫洞圈来定位虫洞。这需要区分绕原点 s 的合法的等值圈和虫洞圈。它们之间明显的不同是:合法的等值圈 C 在平面上的周长为 $P_C = 2\pi R$,其中 R 是等值圈到 s 的距离;但距 s 值 R 的虫洞

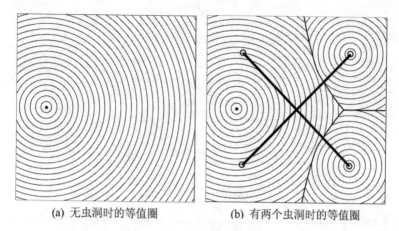

(a) 无虫洞时的等值圈   (b) 有两个虫洞时的等值圈

图 4 - 2 连续域中的虫圈算法

圈 C' 的周长却为 $P_{C'} = 2\pi(R-r)$，明显小于 $2\pi R$。此处 r 表示虫洞入口端到 s 的距离。因此可以通过检测等值线的周长和到 s 的距离来检测虫洞圈。

4.3.2 虫圈算法

为将上面所述的虫圈算法的思想在离散网络中实现，我们利用节点间的跳数距离近似实际距离，进而实现基于连通性信息的分布式虫洞圈检测算法。具体来说，算法首先选择一点作为根节点构建最短路径树，然后每个节点根据到根节点的距离标识各自的等级值；接下来在相同级别的点集内通过连通关系寻找等值圈。

下面用图 4 - 3 所示的例子来解释算法的执行。该例是图 4 - 2 所示例子的离散版本。两个虫洞的端点位置分别标为 1 和 2。图 4 - 3(b) 显示了算法的检测结果。检测到的不同种类的等距线分别被标识为单线环和双线环。绕着根节点的单线是合法等值圈，因为它的长度和它到根节点的距离是相符的。但围绕虫洞

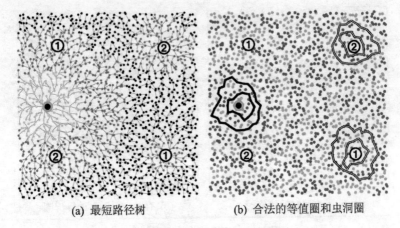

(a) 最短路径树　　　　(b) 合法的等值圈和虫洞圈

图 4 - 3　离散网络中的虫圈算法

出口的双线等值圈则是异常的虫洞圈,它们的长度明显小于相应级别等高线应有的值。下面描述虫圈算法的分布式执行细节。

(1) 标识节点的级别

首先随机地在网络内选择一个节点作为根节点。根节点通过洪泛消息构建一个最短路径树,如图 4 - 3(a) 所示。树上的每个节点获得它到根节点的跳数距离。具有相同跳数距离的点设为相同的级别。根节点的选择决定了节点的级别和等距点分布的结构,因此也影响算法的检测精度。比如当虫洞的两个端点与根节点距离恰好相等时,虫洞圈的症状将消失,后面将讨论这样的例子。

(2) 定位虫洞圈

在离散网络中计算等距圈的周长并不容易。考虑图 4 - 4(a) 所示的例子,这是从全网中截取的一小块网络区域。距离中心点 4 或 5 跳的节点间的连通关系形成了一个带状环。我们的目标是从这个带状的连通图中发现一条离散的圈来准确地反映该带状图的结构并包围中心点。图4-4(b)中的粗线所示的圈是期望得到的一种比较好的圈，显然图4-4(c)中粗线所示的圈则不合适。

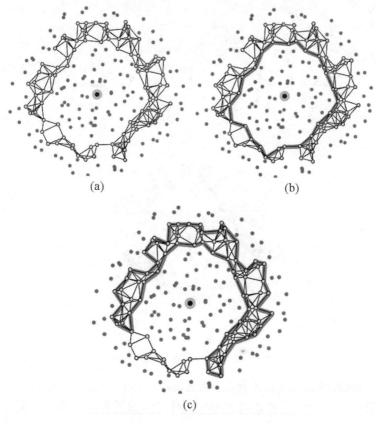

(a)　　　　　　　　　　　　(b)

(c)

图4-4　定义等值圈

　　下面描述寻找虫洞圈的细节。该方法能够避免产生图4-4(c)所示的不合适的圈。算法首先从带状图中任意一点出发构建最短路径树，如图4-5(a)所示。在树上将会出现一些点，它

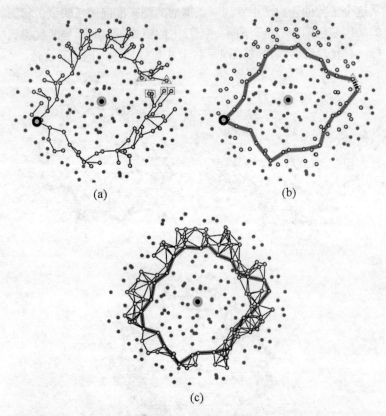

图 4 - 5 寻找虫洞圈

们相邻,但最近公共父节点却离它们较远,如图 4 - 5(a) 中的三角形和四边形点,这些点被称为割点对[59]。虫圈算法任选一对割点并连接它们。如图 4 - 5(b) 所示用虚线段连接一个三角形节点和四边形节点。然后从这对割点出发沿着树向根节点回溯,得到候选圈,如图 4 - 5(b) 所示。为了容忍节点放置的随机性和密度不足的情况,算法放松对同级节点的限制,扩展每级的宽度为 k。比如设 $k = 2$ 时,算法会将第 L 级和第 $L + 1$ 级的点合并起来寻找离

散圈。图 4-4 和图 4-5 中带状图上的节点处于第 4 级,宽度为
2。这样找到的等值圈可能有些粗糙,通过进一步将它调整为无弦
圈,则可以更好地反映带状图的周长,如图 4-5(c)所示。下面再
讨论寻找割点对时的参数设置细节来消除如图 4-4(c)中所示的
不合适的圈。Wang 等人[59]基于两个参数 δ_1 和 δ_2 确定割点对。

在虫圈算法中 δ_1 和 δ_2 的直观意义如下:参数 δ_1 量化了等值
圈的长度,而参数 δ_2 则限制两部分路径不要离得太近。在实现过
程中,我们发现只要设置 δ_2 大于环带的宽度 k,比如 $\delta_2 = k + 1$,就
可以充分避免不合适的圈。因为考虑到参数 δ_2 的有效性,而不同
级别的候选等值圈的长度变化又很大,所以算法实现中仅将参数
δ_1 设为较小的常数值。

(3)识别虫洞圈

检测出等值圈后,算法基于圈的长度和级数来评估它是否是
虫洞圈。在前面的连续情况中提到,平面上合法等值圈 C 的周长
为 $P_C = 2\pi R$,其中 R 是等值圈的级数。在离散网络中算法通过要
求合法圈的圈长与级数的比大于一个门限值 τ 来区分虫洞圈。我
们在实验中将 τ 设为比 2π 略小的整数。识别出虫洞圈之后,虫
洞的出口端点就被限定在这个圈的内部,通过沿着虫洞出口端继
续向低级数的点追踪可以进一步定位到虫洞入口端。

4.3.3　虫圈算法小结

本节讨论虫圈算法的优缺点和可能的改进。同现有的算法相
比,虫圈算法有其明显的优点,它利用了虫洞圈这一新的虫洞症
状,可有效地识别定位虫洞。算法仅需要连通信息,不依赖特殊硬
件或单位圆盘图模型等假设,不需要节点知道位置信息。虫圈算
法虽然需要很少的假设并具有广泛的适用性,但它并不完美,因为

有些特殊情况下虫洞圈的症状可能并不明显。前面提到,根节点的选择决定了网络中其他节点的等值线级别和等距点分布的结构,从而影响算法的检测精度。当虫洞的两个端点与根节点距离恰好相等时,虫洞圈的症状将消失。如图4-6(a)所示的例子,没有虫洞圈出现在标识为1的虫洞端口处。另外,当虫洞的端口位于网络的边界上时,虫洞圈被边界切掉一部分,也消失了,如图4-6(a)中标为2的虫洞。该例中检测失败的主要原因是根节点的位置不适合检测这些虫洞。如果改变根节点到合适的位置,如图4-6(b)所示(该网络与图4-6(a)中完全相同),算法则正确地识别了全部的虫洞。显然,如果算法被随机独立地运行多次,并选择了多个不同的根节点的话,检测的精度会提高。所以,如何对多次根节点的位置进行协调选择使检测效能最大化,是将来改进该算法的一个值得研究的问题。

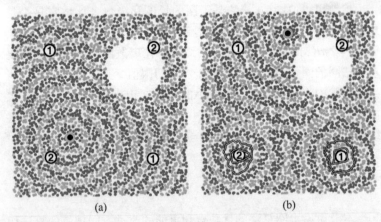

图4-6 虫圈算法的不足和改进

本章接下来的目标不是对虫圈算法进行修补和改进,而是尝试去探索什么是虫洞给网络带来的根本影响,进而深入研究虫洞拓扑,从更本质的角度刻画并检测虫洞。

4.4　虫洞拓扑的本质特征

本节基于虫洞对网络拓扑的影响对虫洞进行分类,并提出相应的检测方法。我们的目标是在对网络先验知识做最少假设的前提下,通过节点间的分布式协作检测出虫洞。由于虫洞对拓扑的影响可能仅是宏观层面可见的,如何分布式地从连通图中分析虫洞的宏观拓扑特征和影响是具挑战性的问题。本节利用拓扑学的技术,包括同伦等,在连续域刻画问题、设计方法、证明性质和结论,然后将算法转化为在实际离散网络中的执行协议。接下来先介绍本章涉及的拓扑学的预备知识,再描述虫洞的拓扑特征和进行分类,最后提出检测虫洞的原理并证明其理论上的正确性。

4.4.1　预备知识

这里主要介绍本章后面讨论中涉及的一些组合与计算拓扑学中的概念。有些定义限于本工作应用的角度进行描述,不一定十分标准,更多细节的解释可以参阅 Hatcher[146] 著的拓扑学教材。在上一章 3.4.1 节中,介绍了路径、同伦、形变收缩等拓扑学概念,所以此处不再介绍。本章将网络部署区域建模为连通、紧致、可定向的 2 维流形表面,属于拓扑中的豪斯多夫(Hausdorff)空间。在该空间中每一点存在一个邻域同胚与全平面或半平面。这样定义空间,实际上涵盖了日常生活中可见的几乎所有的普通表面。下面提到的表面除了特别说明外都符合这样的定义。当拓扑空间 T 是一个给定的表面 S 时,其上的路径就是一条曲线,环就是一条闭合曲线。一条简单闭曲线就是无自交叉的单射闭合曲线。S 中的两条共端点的曲线是同伦的,意味着一条曲线可以沿表面平滑地变形为另一条曲线而不离开 S。一条闭曲线如果与一点同伦,则它是可收缩的;否则为不可收缩的。如果表面上删除一条简单闭曲线以后,该表面还是连通的,则称该曲线是不可分的,如果闭曲线的删除导致表面分割为多个连通域,则称该曲线是可分的。表面的亏格数(genus)是在保持表面连通情况下,能够从表面上删除的简单闭曲线的最大数量。比如球面和圆盘的亏格为 0,而轮胎面(2 维环面)则有亏格数 1。实际上,同伦在表面上通过给定点的所有闭合曲线集中定义了一种等价关系,将这些闭曲线划分为不同的同伦等价类,在同一类中的闭曲线可以在同伦意义下互相变换,不同类的则不可以。

4.4.2　刻画虫洞

考虑网络节点被连续地部署在几何表面上,节点与部署面上的点一对一对应,从而用网络部署的连续表面来描述网络连通拓扑。在连续域中合法的网络部署表面为亏格数 0 的二维流形表面,即是同伦于带有一定数目的边界(或洞)的平面区域。本章简称合法的网络部署表面为原始表面。

在连续域中,虫洞链路是连接原始表面间两点的一条极短的线段。当虫洞链路添加到原始表面上以后,产生了一个新的拓扑空间。下面分析虫洞的加入如何导致生成不同的拓扑空间。根据虫洞的拓扑影响,我们将它们分为四类,如果图 4-7 所示。第一类虫洞的两个端点都位于表面内部;第二类的端点一个在内部、一个在表面的边界;第三类的两个端点位于表面的两个不同的边界上;第四类的两个端点在同一边界上。这四类虫洞对原始表面的拓扑影响是不同的。更复杂的虫洞攻击可视为这四类虫洞的有限组合。

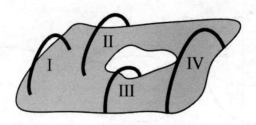

图 4 - 7　虫洞的四种类型

4.4.2.1　单一虫洞的影响

首先考虑单一虫洞的影响,然后分析多个虫洞组合出现的情况。

(1) 第一类和第二类虫洞

图 4 - 8 所示的例子是球面 X 加入虫洞链路 AB 的情况,AB 是一个第一或第二类的虫洞。图 4 - 8(a) 表示 AB 附加到球面 X 后生成的新的拓扑商空间 $X \backslash AB^{[146]}$。图 4 - 8(b) 与图 4 - 8(a) 所示的表面是同伦等价的,即 AB 缩成一点 O。图 4 - 8(b) 中的拓扑空间又可视为图 4 - 8(c) 所示的 2 维环面 Y 的一种退化情形。如果将 Y 中一条经线圆逐渐收缩为一点,那么 Y 坍塌成图 4 - 8(b) 中的 $X \backslash AB$。从这意义上讲,我们称 $X \backslash AB$ 有退化亏格数 1。当然这样的坍塌过程不是从 Y 到 $X \backslash AB$ 的同伦变换。严格意义上讲,第一类和第二类虫洞加入后,新的拓扑空间不再是一个表面了,因为虫洞端点的局部邻域不再与全平面或半平面同胚。我们简略地称此时的表面是带有奇异点的表面。

(2) 第三类虫洞

在包含多个边界的表面中可能会出现第三类虫洞,如图 4 - 9(a) 所。图 4 - 9(a) 所示的拓扑空间与图 4 - 9(b) 所示的是

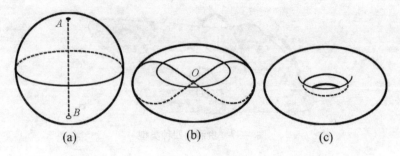

图4-8 分析第一类和第二类虫洞

同伦等价的,想象将图4-9(a)中的虫洞链路收缩成为一点。下面进一步分析图4-9(b)中标识为 α 和 β 的这两个不可收缩环。环 α 穿过虫洞而环 β 围绕着内边界。图4-9(b)又可看作是图4-9(c)的形变收缩,想象图4-9(c)的环 α 和 β 分别对应图4-9(b)中的环 α 和 β。所以图4-9(a)(b)(c)实际上是相互同伦等价的。所以第三类虫洞实际上通过连接两个不同的边界将原始表面的亏格数增加了1。

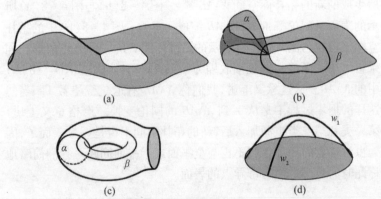

图4-9 分析第三类和第四类虫洞

在第三类虫洞中有一个有趣的现象,那就是 α 和 β 这对相互缠绕的环实际上从拓扑学意义来看是互相对称的。想像一下,如果将图 4 - 9(c)所示的表面翻转过来,那么纬线环 α 将变成经线环,而经线环 β 则变成了纬线环。当并不知道 β 与网络边界同伦时,在拓扑意义下是无法对图 4 - 9(b)中的环 α 和 β 进行区分的。

(3) 第四类虫洞

这类虫洞连接同一条边界上的两个点。因此第四类虫洞在原始表面上增加一个桥连接,可以看成将原来边界分为两个部分。总结以上的分析可得定理 4.1。

定理 4.1 如果在原始表面插入一个虫洞,第一类和第二类虫洞使表面的退化亏格数加 1,第三类虫洞使亏格数加 1 且边界数减 1,第四类虫洞仅增加 1 个边界。

4.4.2.2 多个虫洞的组合

当两个或更多的虫洞添加到原始表面中,第一类和第二类虫洞的影响是相互独立的,每个虫洞仍然导致退化亏格数增加 1。但多个第三类和第四类虫洞的插入却可能产生相互转换的效应。考虑如图 4 - 9(d)中所示的例子。两个第四类虫洞 w_1 和 w_2 加入到表面上并互相交叉。虽然每个单独的虫洞 w_1 或 w_2 仅使表面的边界数加 1,但是它们同时出现却将表面的亏格数增加了 1,因为实际上可以认为图 4 - 9(d)与图 4 - 9(a ~ c)是同伦等价的。

可以如下分析这一例子。考虑 w_1 和 w_2 按顺序添加到表面上,当第一个第四类虫洞 w_1 被加到表面上之后,原始表面的边界被分成了两部分。当添加第二个虫洞 w_2 时,它的两端已经在两个不同的边界上,所以此时该虫洞对当前的表面来说实际上是一个第三类虫洞,它进一步将表面边界数减 1 亏格数加 1。结果初始独立的两个第四类虫洞的组合导致了亏格数的增加。

因此当多个虫洞被加入到原始表面中时,我们把它们看成是按序相继加到表面上的,而虫洞的种类由它们被粘贴的那一时刻表面的状态来决定。第一类和第二类虫洞不会受到先后插入其他虫洞的影响，而第三类和第四类虫洞可能会由于边界的拆分或串联而产生相互转换的情况。但虫洞添加的顺序不会影响最后生成的拓扑空间的结构。下面分析多个虫洞最终的拓扑影响。我们用三元值 $\tau(g,d,b)$ 描述并指代一类拓扑表面，这里 g,d,b 分别为亏格数、退化亏格数和边界数，它们均为非负数整数。定理 4.2 描述了分析结果。

定理 4.2　给定原始表面 $\tau_0 = \tau(g_0,d_0,b_0)$ 和添加 N 个虫洞后的最终表面 $\tau(g,d,b)$，则有等式 $N = 2(g-g_0) + (d-d_0) + b - b_0$ 成立，且在这 N 个虫洞中有 $d-d_0$ 个第一类或第二类虫洞，有 $2(g-g_0) + b - b_0$ 个第三类或第四类虫洞。

证明：不失一般性，设按序地添加这 N 个虫洞，并设该序列为 $[w_1,w_2,\cdots,w_N]$。设 $\tau_i = \tau(g_i,d_i,b_i)$ 表示当 i 个虫洞添加到 τ_0 上之后得到拓扑空间。证明过程通过对虫洞数 N 进行归纳。当 $i=1$ 时，仅一个虫洞添加到网络中，从定理 4.1 易得此时定理 4.2 成立。

现假设当 $i=k$ 时定理成立，即此时表面为 $\tau_k = \tau(g_k,d_k,b_k)$ 且共有 $d_k - d_0$ 个第一类或第二类虫洞，共有 $2(g_k-g_0) + b_k - b_0$ 个第三类或第四类虫洞添加到 τ_0 上。当添加新虫洞 w_{i+1} 后，表面变为 $\tau_{k+1} = \tau(g_{k+1},d_{k+1},b_{k+1})$。此时有三种情况：

（1）w_{i+1} 对于 τ_0 是第一类或第二类虫洞，则它对于 τ_k 还是第一类或第二类虫洞，因此有 $g_{k+1}=g_k, d_{k+1}=d_k+1, b_{k+1}=b_k$。由归纳假设 τ_0 中第一类和第二类虫洞的数量为 $d_k - d_0 + 1 = d_{k+1} - d_0$，$\tau_0$ 中第三类和第四类虫洞数量和还是 $2(g_k-g_0) + b_k - b_0 = 2(g_{k+1}-g_0) + b_{k+1} - b_0$。

（2）如果 w_{i+1} 对于 τ_0 是第三类虫洞，它对于 τ_k 可能是第三类或第四类虫洞。如果是第三类，则有 $g_{k+1}=g_k+1, d_{k+1}=d_k, b_{k+1}=b_{k-1}-1$；如果是第四类，则有 $g_{k+1}=g_k, d_{k+1}=d_k, b_{k+1}=b_k+1$。无论哪种情况等式都成立，对于 τ_0 来说，第一类和第二类虫洞数

量的和为 $d_k - d_0 = d_{k+1} - d_0$，第三类和第四类虫洞数量的和为 $2(g_k - g_0) + b_k - b_0 + 1 = 2(g_{k+1} - g_0) + b_{k+1} - b_0$。

（3）如果 w_{i+1} 对于 τ_0 是第四类虫洞，同第二种情况有相同的分析过程和结果。综上，归纳步 $i = k + 1$ 成立。证毕□

算法4-1 连续域虫洞追踪算法

输入：给定包含虫洞的表面 S

输出：虫洞检测报告

1：任选点 $r \in S$，在 S 中执行连续 Dijkstra 最短路径算法得到 S 的割迹 C_S

2：迭代删除 C_S 的内部末梢点，转换 C_S 为收缩的割迹 $C(P, V)$

3：初始化候选环集 $L := \varnothing$

4：**for** 对每条割径 $p \in P$ **do**

5：   随机选择一点 $a \in p$，串联 a 到根 r 的两条不同伦路径构造环 l_a

6：   更新 $L := L \cup l_a$

7：**end for**

8：**for** 对每条候选环 $l \in L$ **do**

9：   **if** 在 l 的 ε 邻域 $N(l)$ 内成功地发现可收缩环 l'，且 l' 与 l 交叉奇数次 **then**

10：   保持 l' 和 l 的奇数次相交，收缩 l' 为点 o，报告位于点 o 的第一类和第二类虫洞

11：   **else**

12：   在 l 的两侧洪泛两种不同的颜色

13：   **if** 两种颜色的区域接触，进而找到 l 的伴环 l' **then**

14：   报告在扭结不可分环对 (l', l) 中有第三类或第四类虫洞

15：   **end if**

16：   **end if**

17：**end for**

根据对合法表面的先验知识，已知它有亏格数 0 和退化亏格数 0，因此原始表面可以用 $\tau(0, 0, b_0)$ 描述，b_0 为边界数（等于网

络的内部空洞数加外边界数 1）。所以，如果知道最终的拓扑空间
种类，就可以根据定理 4.2 计算出不同种类的虫洞的数量。

4.4.3　检测虫洞

本节描述在连续表面上的虫洞检测算法，旨在通过检测亏格
及退化亏格来追踪虫洞。算法的主要过程是寻找跟虫洞关联的不
可分环。具体步骤见算法 4 - 1。图 4 - 10(a) 所示的是一个虫洞
表面的例子，图上的两条环表示两条由虫洞导致的不可分环。

4.4.3.1　发现割迹和候选环

给定感染虫洞的表面 S，算法首先从 S 上任选一点以其作为
根节点执行连续的 Dijkstra 最短路径算法[150]，如图 4 - 10(b) 所
示。表面上每点因此获得其到根节点的最小测地线距离。所有到
根节点有超过一条最短测地线路径的点集形成割迹[150]，记为 C_S。
因此基于给定根节点通过执行连续的 Dijkstra 最短路径算法得到
一组割迹。图 4 - 10(b) 中的粗虚线路径就是割迹。如果沿着割
迹将表面 S 切开，分割后的表面将在拓扑意义下与单位圆盘等价。
在割迹上一些点有至少三条到根节点的最短路径，这样的点称为割
迹的分支点，比如图 4 - 10(b) 中点 v 就是一个分支点。分支点将割
迹进一步分成一些割径，比如图 4 - 10(b) 中的割径 p_1, p_2, p_3。每条
割径有两个端点。割径的端点可能是分支点，也可能不是，如果不
是，我们称之为末梢点。末梢点既可能位于表面的边界上，也可能
位于表面内部，因而我们进一步将它们分为边界末梢点和内部末梢
点。通过迭代地删除所有内部末梢点可以将割迹 C_S 转换为它的子
集收缩割迹[150]。本书标识 C_S 的收缩割迹为 $C(P,V)$，这里 P 和 V
分别表示收缩割迹中的割径集和边界末梢点集。

给定收缩割迹集中的割径 $p \in P$ 和 p 上任意一点 $a \in p$。有至

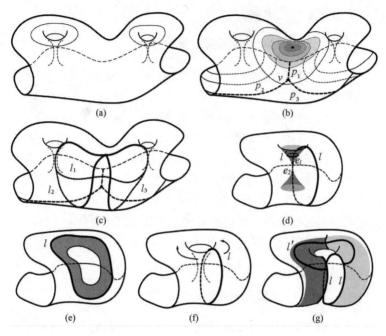

图 4 - 10　连续域中的虫洞检测

少两条连接 a 和根节点且不同伦的最短路径。通过串联这两条不同伦路径,可以得到不可收缩环 l_a。我们称点 a 是环 l_a 的目击点。对于路径 p 上的任意两点 $a,b \in p$,设 l_a 和 l_b 分别是通过目击点 a 和 b 环,则环 l_a 和 l_b 是同伦等价的[150]。所以对于每条割径 $p \in P$,算法任选割迹 p 上一点作为目击点,并将通过该目击点的环记为 l_p,因此得到环集 $L = \{ l_p \mid p \in P \}$,我们称之为候选环集。图 4 - 10(c) 中的粗实线标识了本例中的三条候选环 l_1, l_2, l_3,它们分别对应于图 4 - 10(b) 中的割径 p_1, p_2, p_3。基于文献 [151] 中的引理 4.2,可知上述过程最多产生 $4(g+d)+2b-2$ 个分支点和 $6(g+d)+3b-3$ 条割径。因此本算法中候选环的数量最多为 $|L| < 6(g+d)+3b-3$。对于每条候选环 $l \in L$,算法执行接下来

步骤来分类地检测虫洞。

4.4.3.2　检测第一类或第二类虫洞

该步通过检测候选环 l 是否导致了退化亏格来检测第一类或第二类虫洞。算法分析环 l 在表面 S 上的 ε 闭邻域 $N(l)$，即，若设 $\varepsilon(x)$ 表示点 x 在表面上的 ε 邻域，则 $N(l) = \{\varepsilon(x) | x \in l\}$。如图 $4-10(d)$ 所示，粗线表示候选环 l，它通过一个第一类虫洞，虫洞的端点标识为 e_1 和 e_2。如果在邻域 $N(l)$ 中存在另一条充分小的简单闭曲线 l'，且 l' 与 l 相交奇数次(注意如果两条曲线相切接触并不算交叉[146])，称环 l 是一条独立不可分环，并判定 l 必通过第一类或第二类虫洞。通过尽可能小的收缩环 l' 并保持它与 l 的奇数次交叉，环 l' 最终将收缩到虫洞的一个端点，这样就检测出第一类或第二类虫洞的端点。

4.4.3.3　检测第三类或第四类虫洞

第三类与第四类虫洞的情况有些不同，因为此类虫洞的端点位于表面的边界上，对于该类虫洞，通过与前面类似方法在虫洞端点附近无法再发现与候选环 l 奇数交叉的小环。算法此时的策略是通过测试候选环是否为可分环来检测亏格。可分环与不可分环有着本质的区别，可分环是双侧的，而不可分环是单侧的。图 $4-10(e)$ 显示的一个可分环，它的形成是由于表面上存在空洞区域。如果从该环两侧开始洪泛两种不同的颜色，这两种颜色最终不会相遇，所以说该环是双侧的。但是图 $4-10(f)$ 中所示的环却是由于亏格导致的不可分环。如果在不可分环的两侧传播扩散两种颜色，如图 $4-10(g)$ 所示，这两种颜色最终会相遇，所以不可分环是单侧的。通过检测不可分环 l，算法能检测出由第三类或第四类虫洞引入的亏格。具体地讲，通过在环 l 两侧扩散传播两种颜色，这两种颜色相遇的边界形成一个割迹。设 t 是该割迹上的任意一点。设 $s \in l$ 是 l 上任意一点。则从 s 到 t 就有两条不同伦的路径,它们分别穿过不同颜色区域。串联这两条路径就形成了一条环 l',如图 4-10(g) 所示。显然环 l' 与环 l 仅在一点 s 交叉。从后面的引理 4.4 将会知道,环 l' 与环 l 都是不可分的。我们称 l 是依存不可分环,环 l' 是环 l 的伴环;进一步,称这两条互相交叉的环是扭结不可分环对。可以判定在扭结不可分环对上一定存在至少一个第三类或第四类虫洞。但是如本章在前面图 4-9(c) 和图 4-9(d) 中提到的,有时这两类环在拓扑上是不可区分的。

总结一下,对于每条候选环 $l \in L$,算法将它分成三种可能的类型:可分环、独立不可分环和依存不可分环。算法通过独立不可分环检测第一和第二类虫洞,通过依存不可分环检测第三类和第四类虫洞。

4.4.4 理论分析

下面证明本节算法能够正确地检测所有可检测的虫洞。首先讨论算法的正确性和检测能力,然后分析拓扑意义下可检测虫洞的理论上限。

定理 4.3 设 L 是候选环的集合,则所有虫洞驻留在 L 内的环中。

证明:基于文献[150]中的类似分析方式,不难证明在 L 内必有子集 $L' \subseteq L$ 构成虫洞感染表面的同伦基。设 w 是表面上任意一个虫洞,l_w 是表面上通过 w 的任意一个环。因为 L' 是表面的同伦基,所以存在与环 l_w 同伦等价的环 l_c,且 l_c 能表示为 L' 中某些环的串联和。这就意味着 w 至少通过 $L' \subseteq L$ 的某个环。证毕□

定理 4.3 虽然不能告诉虫洞的端点在候选环集 L 中精确位置,但虫洞的所有可能位置已被限定在 L 中。接下来证明本书的方法能够准确地检测第一类和第二类虫洞。首先介绍引理 4.4,

以揭示不可分环的奇偶性。

引理4.4 给定表面 S 上的环 c，如果 S 上存在另一个环 c'，使得 c' 同交叉 c 偶数次，则 c 是不可分环。

证明：从文献[152]中的引理2.1可知，如果环 c 是可分的，那么删除环 c 后的表面 $S-c$ 中会出现两个连通构件 S_1 和 S_2，并以 c 为边界。如果沿着环 c' 行走一圈，那么每次穿越 c 时必然要在 S_1 和 S_2 间切换，没有其他可能。因此这个过程必定产生偶数次这样的切换过程，这将同 c 与 c' 的奇数次交叉矛盾。证毕□

定理4.5 本节算法可以准确地检测所有第一类与第二类虫洞。

证明：设 w 是一任意的第一类或第二类虫洞，根据定理4.3，存在环 $l_w \in L$ 通过虫洞 w。因为 w 是第一类或第二类虫洞，所以 w 在表面上增加退化亏格。对于退化亏格，一定有一条可收缩的简单闭曲线在退化亏格端点附近并与 l_w 交叉一次，因此所有的第一类和第二类虫洞将会被无漏报地检测。另一方面，设 l 是 L 中任意一环，如果 l 环的 ε 邻域内存在可收缩的环 l' 与 l 奇数次交叉，则根据引理4.4，l 必是不可分的。l' 则既是不可分的，又是可收缩的，这样的环 l' 仅可能由退化亏格导致，从而 l' 必然通过连续变形收缩到退化亏格的一端。当 ε 充分小的时候，l' 内将仅包含虫洞的一个端点。因此本书的方法可精确地检测第一类和第二类虫洞。证毕□

定理4.6 设环 l 与 l' 是一对扭结不可分环，则在它们上至少存在一个第三类或第四类虫洞。

证明：假设环 l 与 l' 都不通过虫洞，那么它们就是在没有添加虫洞之前的原始表面上的环。因为 l 与 l' 形成扭结不可分对，l 与 l' 交叉奇数次，所以由引理4.4它们都是不可分的。另一方面，由于已知原始表面同伦于多边界的平面区域，根据 Jordan 曲线定理[146]，原始表面上的任何环必将表面分为至少两个构件，所以 l

和 l' 又是可分的,矛盾。证毕□

定理 4.7　插入时刻的第四类虫洞在拓扑上同伦等价于当前表面上的桥连接,在拓扑意义下是不可检测的。

证明:正如在 4.4.2 节讨论虫洞分类时提到的,插入时刻的第四类虫洞在相同边界上增加一个桥连接,在拓扑的同伦等价意义下,不可能区分此时表面上正常的桥和虫洞导致的桥。因此没有拓扑学方法能够准确检测第四类虫洞。证毕□

定理 4.8　给定原始表面 $\tau_0 = \tau(0,0,b_0)$ 和虫洞攻击后的表面 $\tau(g,d,b)$,本书的方法能够定位所有 d 个第一类或第二类虫洞,并检测至少 g 个第三类或第四类虫洞,剩余的是拓扑意义下不可检测的虫洞。

证明:首先,根据定理 4.5,算法可准确检测所有 d 个第一类或第二类虫洞。其次,根据定理 4.6,算法能找到关联 g 个亏格的 g 个扭结不可分环对,因此可以检测到至少 g 个第三或者第四类虫洞。再次,如前所述,当考虑所有的虫洞是按序插入到原始表面中时,根据定理 4.1 和定理 4.2,亏格的增加仅由插入即时的第三类虫洞(可能是原始表面上的第四类虫洞)引起,伴随 g 个亏格的增加,相当于 $g + b - b_0$ 个即时第四类虫洞的加入,根据定理 4.7,这些即时的第四类虫洞在拓扑意义下无法同正常的桥连接区分开来,是不可检测的。证毕□

现在简单回顾一下本节,本节首先介绍了拓扑学术语,然后分类刻画虫洞特征,最后设计虫洞检测算法和证明算法的理论保证。下一节将讨论算法在离散网络中的执行过程。在结束本节之前,再回过来看初始的虫圈算法,此时会对它有更深入的认识。虫圈算法主要侧重于检测第一类和第二类虫洞,这种情况下至少一个虫洞的端点位于表面内部,所以可能捕获到等值线圆。若设 w 是一个第一类或第二类虫洞,l 是过 w 的一个候选环,虫圈算法通过检测 w 端点出现的等值线圈 C 来检测 w。此时的等值线圈 C 实际上是伴随着退化的亏格出现的。用本节的术语重新描述 C 的话,它就相当于在 l 的 ε 邻域 $N(l)$ 内出现的与 l 交叉奇数次的环 l',所以虫圈算法实际上是本节一般化算法的一个特例。

4.5　离散环境中的虫洞检测

　　前一节在连续域内对虫洞的影响、检测方法和理论分析等进行了描述。但实际中的传感器网络节点部署在表面的离散点上。本节阐述在离散网络环境下的虫洞检测方法。

　　该过程主要分为三步。第一步,任选一点作为根节点建构最短路径树,从而每个点可以知道距根节点的最短路径;然后基于最短路径树寻找割点对,并建立候选的环集。第二步,通过检测独立不可分环来定位第一类和第二类虫洞。具体实现过程主要是寻找与候选环仅相交一次的可收缩的环。第三步,通过寻求扭结不可分环对来检测第三类或是第四类虫洞。所有这些步骤都在离散网络中以分布式方式实现,设计的原理与在连续域中阐述的一致。

　　但在离散环境下,把连续域上的方法转化为具体的协议还存在以下几个实际的技术难点。(1)在离散网络里检测一个环是否为可收缩并非易事,尤其是节点仅有局部的连通性信息。(2)在缺乏几何信息的情况下要判定两条环是否相交也是很难的,而要精确地计算出相交的次数则更难。(3)寻找扭结不可分环对,需要区分候选环是单侧的还是双侧的,在仅有连通信息的情况下,这样的区分判定也是不容易的。本节的设计将分别处理上述这些具挑战性的问题。离散算法的执行具体分为三个部分:选择候选环;寻找独立不可分环;寻找扭结不可分环对。下面用图 4-11 中的例子来解释这些操作步骤。该例子所示的网络包括所有四类虫洞(分别在图中标为 1 到 4)。

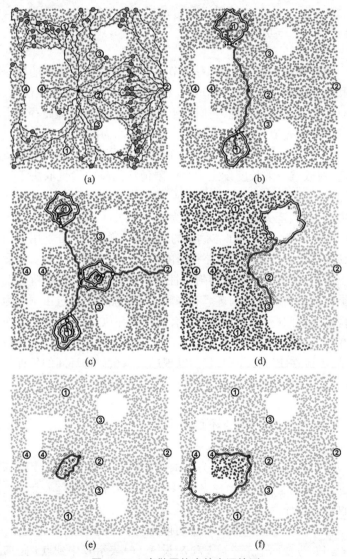

(a)

(b)

(c)

(d)

(e)

(f)

图 4 - 11　离散网络中的虫洞检测

4.5.1　选择候选环

通过构建最短路径树,每个节点都知道它到根节点的最短路径和跳数距离。然后相邻节点互相交换它们的最短路径信息,此时有些节点对将会发现,它们虽然直接相邻,但在最短路径树上的最近公共祖先节点却离它们较远,这些点称为割点对[59]。割点对见证了可能的候选环。本节通过特定的割点对来寻找候选环。具体地,对候选环的长度设定一个门限值。门限的设置取决于期望检测的虫洞攻击的强度。比方说,如果目标是检测所有跨越 h 跳的虫洞,那么至少要设该门限值为 h。

图 4 – 11(a)显示了本例中的割点对和候选环,分别用大圆点和细线标出。构建的最短路径树的根节点位于网络中部。从图中可以看出,网络节点分布的随机性和离散性使我们很难精确得获得类似连续情况下的割迹。有些候选环可能并不通过虫洞。为了处理这样的问题,离散算法对所有的候选环执行后续的操作,而不像在连续域时每条割径仅选一个环。这样做当然也增加了网络的开销,不过在实际操作中,我们发现通过考察候选环间的邻近关系可以过滤掉许多不必要的候选环,从而节省很多消息开销。

4.5.2　寻找独立不可分环

设 l 表示一个候选环,为了测试它是否经过第一类或第二类虫洞,需要检验 l 是否为独立不可分环,即要找到穿越 l 奇数次的可收缩的小环。

首先需要建立离散环境中可收缩环的概念。给定连通图 G、点 $v \in V(G)$ 及两个正整数 k 和 δ,设 $N_k(v)$ 表示 G 中到点 v 距离小于等于 k 跳的点集,设 $N_{k,\delta}(v) = N_{k+\delta}(v) - N_k(v)$,设 $\Gamma_{k,\delta}(v)$ 和

$\Gamma_k(v)$ 分别表示基于 $N_{k,\delta}(v)$ 和 $N_k(v)$ 的顶点导出子图, 即分别为 $G[N_{k,\delta}(v)]$ 和 $G[N_k(v)]$。对于任意节点 $v \in V(G)$ 和 $r,\delta \in \mathbb{N}$, 如果 $\Gamma_{r,\delta}(v)$ 形成连通的环带, 我们就能在 $\Gamma_{r,\delta}(v)$ 上找到它的骨干环, 该过程同前面构建候选环的过程类似。首先从图 $\Gamma_{r,\delta}(v)$ 中任意一个点实施受限的消息广播, 由此得到一个局部的最短路径树; 然后, 发现割点对并构建候选的骨干环, 得到的骨干环记为 $C(v,r,\delta)$。当 r 和 δ 充分小时, 可以认为 $C(v,r,\delta)$ 是可收缩的。进一步, 如果对于每个半径 $r_0 \leqslant r \leqslant k$ 在图 $\Gamma_{r,\delta}(v)$ 内都有骨干环, 就称 $\Gamma_k(v)$ 是一个 k 跳离散可收缩盘, 来近似连续域的局部可收区域的概念。在后面的例子和模拟中通常设 $r_0 = 1, k = 3, \delta = 2$。

候选环 l 上的每个节点 v 在其局部邻域内构建离散可收缩盘, 并寻找可收缩环 $C(v,r,\delta)$。如果可收缩环 $C(v,r,\delta)$ 存在, 它一定会与 l 相交, 但还要判断相交次数。但是在仅有连通性信息的情况下, 很难断定 $C(v,r,\delta)$ 穿过 l 多少次。因为两个环即使交叉, 也可能没有共享点或者共享多个交叉状态不明确点。类似的问题在文献[153]中也考虑过。幸运的是对于本问题, 可以将奇数次交叉测试转化为相对更简单一点的问题, 即只需要判断 $C(v,r,\delta)$ 与环 l 仅交叉一次或者没有交叉。

设用 $N(C)$ 和 $N(l)$ 分别表示到环 $C(v,r,\delta)$ 和环 l 一跳的节点集, 它们的交集为 $I = N(C) \cap N(l)$。算法通过检查是否点集 I 形成一个连通构件来判定 $C(v,r,\delta)$ 是否与 l 交叉一次。如果测试表明它们仅交叉一次, 算法判定候选环 l 是一个独立不可分环, 且 $C(v,r,\delta)$ 内一定有一个虫洞的端点。

对于通过第一类虫洞的候选环, 图 4-11(b) 解释了算法的执行方式。图中垂直竖线表示经过虫洞的候选环, 双线环是检测到的与候选环交叉一次的可收缩环。那些附近填空为灰色和白色的小圈节点分别是单线和双线路径的一跳邻居。实心黑点是两类点集的交集。通过继续收缩发现的可收缩环, 算法最终能够定位虫洞的端点。如图 4 - 11(c)所示,算法通过找到进一步收缩后的双线环,定位出第一类虫洞的两个端点和第二类虫洞的一个端点。从第二类虫洞的一个端点通过沿着候选环继续追踪可以定位第二类虫洞的另一端。

4.5.3　寻找扭结不可分离环对

　　算法继续检测候选环 l 是否通过第三类或是第四类虫洞。根据在连续情况下阐述的原理,为了寻找第三类或是第四类虫洞,算法需要寻找包含 l 的扭结不可分离环对。该过程的思想很简单,就是基于候选环 l 是否为双侧的来判定它是不是可分的。在连续域该过程可以简单实现,就是从 l 两侧洪泛不同的颜色,最终检测是否两种颜色会相遇。但是在离散情况下,仅使用连通信息并不容易区分 l 的两侧,因为根据环 l 的局部邻居点间的连通性信息很难确定 l 的邻居点位于 l 的哪一侧。下面描述本算法解决这一问题所采取的方法。

　　算法首先从环 l 开始进行一次消息洪泛得到以环 l 为根的最短路径树,每个点获取其到 l 的最近距离。设 $N_a(l)$ 表示距离 l 在 a 跳以内的节点。图 4 - 12 解释了区分两侧的过程。算法先让 $N_a(l)$ 的节点保持沉默,这样以环 l 作为根的最短路径树就被分为 l 两边的两部分;然后让所有在 $N_{a,b}(l)$ 内的节点传播它的颜色给后继节点。在执行中,设 $a = 2$、$b = 4$。颜色值可基于节点标识或由随机生成。颜色值首先在 $N_{a,b}(l)$ 点集内部传播,该传播过程中设小颜色数压制大颜色数。因此在继续沿最小路径树传播颜色时,最终仅剩下主导颜色,网络被划为不同颜色的点集,如图 4 - 11(d)所示。接下来,具有不同颜色的节点互相交互距离和路径信息,进而通过串联不同颜色区域内的路径得到环 l'。这样环 l 和 l' 就构成了扭结的不可分离环对,如图 4 - 11(d)中所示的单线和双线。算法判定在这对环上至少有第三类或第四类虫洞出现。

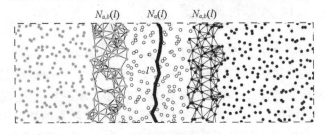

图 4 – 12　区分环的两侧

在检测候选环的过程中,跳数距离在离散网络的扰动可能导致出现可分离环。图 4 – 11(e)展示了对这样的分离环的检验结果。图中这个环将网络分成两部分,因此它是可分环。但是显然这个环与图 4 – 11(d)中所示的环不同,通过局部的通信能够验证它是可收缩的,因此算法不会对这样的环报告虫洞。图 4 – 11(f)展示了第四类虫洞和相关候选环的情况。我们知道第四类虫洞在拓扑意义与桥连接不可区分,该环被算法测试为是可分离环,但所有仅利用连接关系的虫洞检测算法都无法做进一步的区分。

4.6　性能评估

本节执行大量的模拟实验来评测算法在各种情况下的有效性。实验通过改变网络中节点的平均密度和虫洞的种类等条件评估检测虫洞的成功率,并将本章的基于检测根本拓扑背离的方法(记为 FTD)与由 Maheshwari 等人[109]提出的基于填充数的方法(记为 PN)进行比较。他们的方法是目前所知的唯一一种仅依赖连通信息并可分布式执行的虫洞检测方法。

4.6.1 模拟环境设置

基本网络部署区域的形状与图 4 – 11 中的相同,并在这个包含多个洞的区域填充 3200 个点。节点部署方式采用随机部署和扰动网格两种方式。在随机部署方式中,节点被随机放置在区域内一点,这样的部署方式对应于传感器节点被随机抛洒的情况。在扰动网格方式中,节点首先部署在网格点上,再基于这个网格点做局部的随机扰动。这样的部署方式被广泛地用来近似有计划的人工部署[59]。虽然本书的检测方法对通信模型没有特别的要求,但填充数 PN 需要依赖单位圆盘模型来保证方法的正确性,所以为了方便与 PN 方法比较,模拟实验采用单位圆盘模型来生成网络连通图,并通过调整通信半径使节点的平均密度从 8 变化到 18。每组实验对 100 次独立随机的网络生成进行测试并报告均值。需要指出的是实验也改变了多种网络形状得到一致的结果。

4.6.2 节点部署方式和密度的影响

首先测试不同节点部署方式和密度对算法的影响。在每次网络配置中,我们在网络内部随机摆放一个跨度为 8 跳的虫洞。图 4 – 13(a)所示是 FTD 在两种不同的部署模型下对虫洞的检测率。从图中可以看到,检测率随着节点密度的增加而增加。对于扰动网格模型,当节点密度到达 8 以上的时候,检测成功率很快达到 100%。随机部署模型中的检测率比扰动网格模型中的检测率低一些,但是随着节点密度增加更为显著,当节点密度大于 18 左右的时候,也实现了 100% 的检测率。这主要是因为随机部署方式的网络内部有较多小的不规则连通区域。当节点密度较低时(平均节点度小于 12),低连通性使得算法较难在较小邻域内检测到合适的伴环来验证不可分离环。

4.6.3 不同种类虫洞的影响

本节测试不同网络密度下 FTD 算法对第一类、第二类和第三类虫洞的检测率,并与 PN 方法进行比较。节点部署采用扰动网格模型。每次测试在网络中随机放置某类待测的虫洞,虫洞跨度设为 8 跳。对于填充数 PN 方法,设定禁止参数 $f_1 = 3$,这一参数已被证明在大多数情况下是有效的[109]。图 4 - 13(b ~ d) 显示了测试结果。对于第一类虫洞,即便是节点密度较低时,两种方法都实

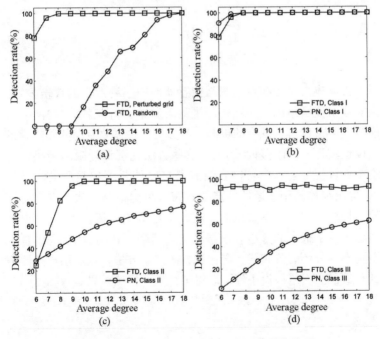

图 4 - 13 检测率与节点密度和虫洞类型的关系

现了接近100%的成功率。对于第二类和第三类虫洞,PN方法在节点密度较低的时候成功率较低,且随着节点密度增加,提高缓慢。但当节点密度大于9以后FTD方法快速实现接近100%的成功率。这主要是因为当虫洞的端点位于网络边界上的时候,PN方法中禁止结构的出现概率显著降低了。而FTD方法能够通过检测不可分离环成功地捕获第三类和第四类虫洞的全局影响,受节密度影响相对较小。从进一步观察图4-13(d)中可发现,FTD方法的成功率独立于节点的平均密度。这主要是由于在第三类虫洞的检测中,伴环的长度显著大于第一类和第二类中的局部收缩环,而这些长的环在平均节点度较小时仍然能够形成。

4.7 小 结

虫洞攻击是无线自组织与传感器网中一种严重的攻击方式。虫洞攻击使网络的拓扑结构产生显著异常,对许多基本的网络功能造成严重危害。现有的虫洞检测方法往往需要专门的硬件设备或设定较强的网络假设,制约了这些方法在资源受限的传感器网络中的可用性。本章首次在没有严格硬件要求和强假设的条件下,提出纯粹基于连通性信息的分布式虫洞检测方法。本章通过使用拓扑学方法及考察虫洞引起的不可避免的拓扑症状,对虫洞问题进行了根本的分析。根据虫洞对网络拓扑的影响,提出基于检测不可分环的分布式虫洞检测方法。本方法在仅利用连通性信息和最少的网络假设条件下取得了良好的检测效果。

第五章 不依赖位置信息的
覆盖拓扑构建

　　第三、四章讨论了不依赖位置信息的拓扑识别问题,本章将开始研究不依赖位置信息的拓扑构建问题。构建感知覆盖拓扑是拓扑构建中的关键问题,也是传感器网络中的重要问题。现有的覆盖算法通常需要精确的节点位置信息或测距信息。最近基于连通性的覆盖模式受到了广泛的关注并取得一定的研究进展,但仍存在需要集中式计算和覆盖粒度不可调等严重限制。

　　本章首次实现了不依赖节点位置信息、覆盖粒度可配置的、分布式的覆盖模式。具体来讲,本章建立了基于连通性信息的覆盖问题的图理论框架;设计了基于环分割技术的覆盖判定准则;设计了利用连通性信息的分布式方法来调度能量有效的稀疏覆盖集。本方法允许在执行过程中充分利用节点不同的感知能力,或根据不同应用的覆盖需求调整覆盖粒度,实现不同的覆盖质量。理论分析证明了方法的正确性,大量的模拟实验展示了方法的有效性。

5.1 引　言

　　大规模感知应用是传感器网络的重要应用,比如国土安全、军事侦察、环境监控、目标检测与跟踪等。在这些应用中,大量传感器节点被部署在一定的地理区域,每个节点感知其临近区域的特定事件并与临近的节点通信,通过自组织相互协作的方式实现对目标区域的感知与监控。覆盖问题的主要研究目标是调度网络,实现对目标区域的有效监控。

　　覆盖问题一直是伴随传感器网络发展的重要研究问题。国内外的学者已经在该领域开展了大量的研究工作[65, 67, 154 - 156]。目前大部分的研究工作主要是利用计算几何方法来解决覆盖问题。这些方法假设已知精确的节点坐标,利用 Delaunay 三角剖分、Voronoi 图[154 - 155] 几何圆盘图等工具来判定覆盖。节点精确坐标已知假设简化了覆盖判定计算的难度,便于设计有效的分布式覆盖算法。但严格地依赖精确的节点坐标信息也限制了这些方法的实际可用性。

　　获得精确的位置信息对于大规模自组织网络往往是很困难的。首先,精确的位置测量需要为大量的节点装备昂贵的高精度 GPS 和测距装置等专用硬件;其次,网络化的定位算法经常由于计算复杂度、误差累积和翻转模糊性等因素不能输出准确的定位结果。因此,为增强覆盖算法在资源受限的传感器网络中的可用性,不依赖位置信息的覆盖算法最近受到了极大关注[63, 66, 67, 81, 119]。这些方法使用测距信息[66, 67, 92, 119]或仅使用连接关系[63, 70, 81],放松了对网络节点位置信息的依赖。

　　但已有的不依赖位置信息的方法仍然存在较为严重的限制。基于测距的方法[66, 67]虽然放松了对节点全局坐标的依赖,但仍需要使用相邻节点间精确的相对距离信息,这使得基于测距的方法仍有相当高的代价。最近 Ghrist 等人[63, 81]提出完全不依赖位置信息的覆盖算法。该方法将网络建模为 2 单复形。该方法主要利用这样的观察:如果感知半径 R_s 和通信半径 R_c 满足一定的条件 $R_s \geqslant 1/\sqrt{3}R_c$,那么连通的三角形保证形成一个不包含洞的覆盖区域。因此通过验证单复形有平凡的一阶同调群就能确保完全的区域覆盖。连通的单复形有平凡的同调群意味着图上的每个环能够在该空间中可(沿着边或三角形)连续地收缩到一个点。

与基于位置和基于测距的方法相比,该方法有其独特的优势:它既不需要位置信息也不需要测距信息。但该方法也有如下两方面的限制:首先,该方法需要中心式的计算,这很难适用于实际的大规模自组织传感器网络;其次,该方法本质上限定最小覆盖单元必须是三角形,这种约束可能使覆盖算法调度产生一些冗余节点,从而在许多实际的场景中带来不必要的资源浪费(5.2.3 节将具体解释这样的例子)。为解决现有的位置无关覆盖算法的不足,设计仅使用连通性信息、可分布式执行、并允许灵活可调的覆盖粒度的覆盖模式将是亟待解决的问题。

本章通过建立不依赖位置信息覆盖问题的图理论框架,首次实现了基于连通性信息的粒度可配置的分布式覆盖模式。具体来讲,本章设计了基于环分割技术的覆盖判定准则;设计了基于连通性信息的分布式稀疏覆盖集调度算法;且算法能够充分利用节点不同的感知能力或根据不同应用的覆盖需求调整覆盖粒度,实现不同的覆盖质量;并通过理论分析证明方法的正确性,以及用大量的模拟实验展示方法的有效性。

本章下面的内容组织如下:5.2 节对问题进行形式化描述;5.3 和 5.4 节描述图理论覆盖准则和执行方法;5.5 节阐述算法的分布式执行;5.6 节进行性能评估;5.7 节总结本章。

5.2 问题描述

本节阐述基本的网络配置和假设,并将基于连通性的覆盖问题建模为圈限覆盖问题。

5.2.1 网络模型

网络部署在平面区域。每个节点的有效感知半径为 R_s。全部节点的感知区域的集合构成网络感知区域 A_{net}。需要网络监控的区域称为目标区域 A_{tar}。通常 A_{tar} 小于网络感知区域 A_{net},而显著地大于单个节点的感知区域。覆盖空洞是目标区域内的不被任何节点的感知区域覆盖的连续平面域。每个节点的最大通信距离为 R_c。需要指出的是本书不限定通信模型必须是单位圆盘图。两个相距小于最大距离 R_c 的节点可能并不能通信。本章假设节点的坐标是未知的,节点间既不能确定距离也不能确定方位,并使用 G 表示网络通信的连通图。假设在网络感知区域 A_{net} 的边界和目标区域 A_{tar} 的边界间有一个宽度至少为 R_c 的边界带[67],位于边界带内的点为边界节点,其他点为内部节点。虽然节点不知道它们的位置信息,但可以假定每个节点知道它是否是边界或内部节点,这可以通过使用位置无关的边界识别机制[59, 84, 85, 157]或许多其他的方式[66]实现,本章主要通过使用本书在第三章提出的不依赖位置信息的细粒度边界识别算法获得边界[157]。需要指出的是边界已知假设是目前所有基于连通性的确定性方法都采用的常规假设,而且大部分基于测距信息的方法也这样假设[66, 67]的。

5.2.2　圈限覆盖

如本书第二章所述,覆盖问题在不同的应用中有不同的表现形式,主要包括区域覆盖、点覆盖和栅栏覆盖等。区域(或点)覆盖的目标是覆盖区域内的所有点(或某些给定的点),而栅栏覆盖的目标是最小化穿过网络而不被检测的概率。区域覆盖主要应用于需要监控目标区域内所有点信息的应用中。对区域的完全覆盖通常需要激活大量的节点,这在大规模长期的监控任务中非常耗能。因此,为提高感知覆盖系统的能量有效性以延长网络生命周期,在许多实际应用中,包括移动目标监视[158]、稀疏事件检测[159]、延时入侵检测[117]等,部分覆盖被提出来改进完全区域覆盖,用以平衡事件检测质量和网络能耗。比如,在目标监视和追踪应用中,度量监控质量的方式通常基于目标在网络内沿直线移动而不被网络检测的最大距离;在空气、水、土壤污染等环境监控应用中,监控质量经常以事件检测之前的最大扩散区域来度量。这些应用不追求对事件监控的零响应时间,或需要目标区域上所有点的信息,这些应用可以为提高网络生命周期而容忍一定的检测延迟或精度损失。

部分覆盖可以看成是覆盖质量可调的一般化的区域覆盖。部分覆盖的覆盖质量在不同的应用中有不同的定义,比如最坏情况的检测延迟或事件的最大扩散区域等。本章基于网络中覆盖空洞的直径来定义覆盖质量。这是考虑到覆盖空洞的直径是个具有一般意义的指标。覆盖空洞的直径定义为覆盖空洞的最小外接圆的直径。空洞直径可以限定空洞的最大面积和逃离检测的最大直线距离。本章将网络的最差覆盖质量定义为网络中覆盖空洞直径的最大值。因此完全区域覆盖可以看成是最差覆盖质量为零的部分覆盖。同完全区域覆盖类似,目前确定式的部分覆盖模式的设计都依赖于节点位置信息[158,160]。也有不依赖位置信息的部分覆盖模式研究泊松分布的大规模网络中节点度的渐进值,用以实现概率保证的最差或平均覆盖质量[117, 118]。但就目前所知,还没有确定性的保证最差覆盖质量且不依赖位置信息的部分覆盖模式。

本章研究不依赖位置信息、有最差覆盖质量保证的、确定式覆盖模式。我们将该问题建模为仅利用连通性信息的圈限覆盖(confine coverage)问题,如定义 5.1 所述。进而本章的主要目标是从连通图 G 中选定点集以确定性地实现期望的圈限覆盖。由于没有节点的位置信息,无法获得覆盖空洞的准确值。我们通过通信图模型和其有效嵌入来定义圈限覆盖。给定通信图,在满足图模型约束情况下对所有节点坐标的赋值就是网络的有效嵌入或实现,比如单位圆盘图嵌入[90]。网络的有效嵌入通常是不唯一的。所有节点的真实位置仅是网络的一种有效嵌入。圈限覆盖定义的思想就是通过结合通信链路长度的最大值 R_c 和网络的有效实现,用网络连通性确保覆盖空洞直径的上限。

定义 5.1 圈限覆盖。给定连通图 G 的子图 G' 和正整数 τ,如果对于任意 G 的有效嵌入,在目标区域内的每一点都被 G' 中至少一个 $k \leqslant \tau$ 跳环包围,则称 G' 实现了对目标区域的 τ - 圈限覆盖,τ 称为覆盖粒度。

5.2.3 覆盖质量的可配置性

本小节解释如何通过调节圈限覆盖的覆盖粒度实现期望的覆盖质量。在圈限覆盖模式中,覆盖质量依赖于两个参数:覆盖粒度和通信感知比率。通信感知比率(简称为通感比)$\gamma = R_c/R_s$ 是最大通信半径与感知半径的比值。通感比一直是覆盖问题中的重要参数,比如它被用来分析和构造连通覆盖集[65, 155]等。通感比 γ 在圈限覆盖中变得尤其重要,因为圈限覆盖需要结合连通结构和通感比来确保覆盖质量。这一点可以通过 $\gamma = \sqrt{3}$ 时的 3 - 圈限覆盖来解释。当 $\gamma = \sqrt{3}$ 时，连通图中任何一个三角形的三个顶点形成的感知覆盖区域是包含该三角形的无覆盖空洞的单连通域的。而 3 - 圈限覆盖保证目标区域内每一个点至少被一个三角形包围，因此 $\gamma = \sqrt{3}$ 时的 3 - 圈限覆盖可实现对区域的完全覆盖。

接下来从两个方面考虑通感比 γ 的影响。图 5 - 1 所示的例子显示了不同 γ 值时网络的覆盖质量。图中灰色的大圆盘表示节点的感知区域，而小圈和直线段分别表示节点和它们间的通信链路，覆盖空洞的边界用粗线标出。第一，当 γ 小于甚至远远小于 $\sqrt{3}$ 时，那么大于 3 跳的通信环也可能形成无内部空洞的覆盖区域。比如 $\gamma = \sqrt{2}$ 和 1 能分别保证在 4 和 6 跳的环中没有覆盖空洞。也就是说 $\gamma = \sqrt{2}$（或 1）时，4 - 圈限覆盖（或 6 - 圈限覆盖）也能保证完全的区域覆盖。不难通过简单的分析得出圈限覆盖实现完全的区域覆盖的一般条件，即 $\gamma \leqslant 2\sin(\pi/\tau)$ 时，τ - 圈限覆盖可保证完全的区域覆盖。第二，当 γ 是大于 $\sqrt{3}$ 的较大的值时，连通三角形内部也可能出现覆盖空洞，因此 3 - 圈限覆盖此时已能保证完全的区域覆盖。我们在命题 5.1 中给出了当 $\gamma \leqslant 2$ 情况下，τ - 圈限覆盖中覆盖空洞的最大值 D_{max} 和覆盖粒度 τ 的关系。命题 5.1 的证明可以通过简单的平面几何推导得出，这里不做详述。本章主要考虑 $\gamma \leqslant 2$ 的情况，是因为圈限覆盖能在 $\gamma \leqslant 2$ 时提供有覆盖质量保证的部分区域覆盖，但当 γ 大于 2 时，基于连通性的覆盖模式在技术上很难再确保有限的覆盖空洞。

命题 5.1　当 $0 \leqslant \gamma \leqslant 2\sin(\pi/\tau)$ 时，τ - 圈限覆盖实现完全区域覆盖，即最大空洞直径 $D_{max} = 0$；当 $2\sin(\pi/\tau) < \gamma \leqslant 2$ 时，τ - 圈限覆盖实现部分区域覆盖，且最大空洞直径 $D_{max} \leqslant (\tau - 2)R_c$。

从命题 5.1 可知，在给定通感比的情况下，圈限覆盖模式可以通过调整覆盖粒度，实现覆盖质量可配置的部分区域覆盖或完全区域覆盖。实际上通过调整覆盖粒度，圈限覆盖模式也提供了一

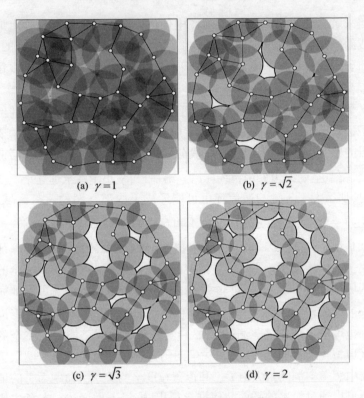

(a) $\gamma = 1$ (b) $\gamma = \sqrt{2}$

(c) $\gamma = \sqrt{3}$ (d) $\gamma = 2$

图 5 - 1 覆盖空洞与通感比 γ 的关系

个灵活的框架整合两种一般意义上的覆盖模式:区域覆盖和栅栏覆盖。可以把栅栏覆盖看作是一种覆盖粒度非常大的特殊的圈限覆盖。当然本章主要研究覆盖粒度较小时的圈限覆盖模式,与一般意义上的栅栏覆盖模式有显著不同。

接下来解释为什么 Ghrist 等人的方法[81]不能较好地实现圈限覆盖。显然,Ghrist 等人的方法是实现 3 - 圈限覆盖的一种具体模式。但在 Ghrist 等人的方法中,基本的覆盖单元必须是三角形,而不能扩展为 τ - 跳环, $\tau \geqslant 4$。

下面首先解释为何 Ghrist 等人的方法限制最小覆盖单元为三角形。如前所述，Ghrist 等人的方法将网络建模为 2 单复形。在代数拓扑中，单复形是建构拓扑空间的模块。k 单形 σ 是一个大小为 $k+1$ 的集合。单复形 $\mathcal{K}$ 是满足下列条件的单形的集合：(1) $\mathcal{K}$ 中任何单形的面仍在 $\mathcal{K}$ 中；(2) 任何两个单形 $\sigma_1, \sigma_2 \in \mathcal{K}$ 的交是单形 σ_1 和 σ_2 的一个面。在覆盖问题中，可简单的认为 0、1、2 - 单形分别是连通图中的顶点、边和三角形。

上述两个定义单复形的条件使单复形具有两个属性，即单复形关于其中的元素的并操作和交操作保持封闭。因此单复形成为良定义的拓扑空间。假设扩展 2 单形的定义，允许 2 单形包含 k 跳环($k \geq 4$)。那么在连通图中两个 k 跳环单形的相交部分，除了像三角形间的交那样共享一条边或一个点之外，还有许多种其他可能的情况。两个 k 跳环的这些重叠的部分可能包含多个连通分支。为了使扩展的 2 单复形还能构成拓扑空间，所有这些 k 跳环的可能的交集都需要加入到扩展的空间中，已到达对交和并操作的封闭性。这样一来，扩展的 2 单复形将包含许多由孤立的不连通边集构成的元素(1 维面)。这将使一阶同调群准则失去其在覆盖判定中的意义，不能再保证完全的区域覆盖。因此，不能在同调群方法中使用 k 跳环作为基本的覆盖单元，以产生粒度可调的覆盖模式。

由于 Ghrist 等人的方法固定覆盖单元必须是三角形，仅实现 3 - 圈限覆盖，这将从两个方面降低覆盖拓扑的效能。第一，如果 $\gamma \leq 2\sin(\pi/\tau)$，那么 τ - 圈限覆盖已经充分实现完全的区域覆盖。而使用 τ 跳环($\tau \geq 4$)作为基本的覆盖单元构建圈限覆盖将比使用 3 跳环作为基本单元节省覆盖节点的数量。此时 Ghrist 等人的方法固定地使用三角形作为覆盖单元将带来不必要的浪费，从而降低网络生命周期。第二，当 $2\sin(\pi/\tau) < \gamma \leq 2$ 时，由于 Ghrist 等人的方法固定只能实现 3 - 圈限覆盖，因而保证网络中的最大覆

盖空洞的直径 $D_{\max} \leqslant R_c/\sqrt{3}$,但如果网络应用仅需要较低的覆盖质量保证的话,即允许覆盖空洞直径大于 $R_c/\sqrt{3}$ 时,则仍可以利用 τ ≥4 的环作为基本的覆盖单元,从而使用更少的节点来提高覆盖效能。

5.3   环分割覆盖准则

在上一节基于连通性信息和网络嵌入中定义了圈限覆盖模式,本节描述圈限覆盖的判定准则。由于不知道节点的位置和网络的有效嵌入,所以不能基于网络嵌入判定网络是否满足期望的圈限覆盖。本节将描述仅基于连通性的圈限覆盖的判定准则。该判定准则的核心思想比较直观。仅仅从连通图本身,不容易感知到覆盖空洞,我们的想法是将图上每个小于或等于 τ 跳的环填充为实心的多边形,而大于 τ 跳的环保持不变。经过这样的变换,如果实心的多边形区域能够很好的拼合起来,使得目标区域中每一点都至少被一个多边形覆盖,也就实现了每一点都至少被一个 τ 跳环包围,那么网络就实现了期望的 τ - 圈限覆盖。

5.3.1   构建覆盖准则

在准确地描述覆盖准则之前,首先介绍一些必要的图术语。设 H 是一个简单图,其边集为 $E(H)$,顶点集为 $V(H)$。一个简单环 C 是 H 的连通子图且其上每个点的度为2。环 C 可以表示为一个索引向量 $b(C) = (b_1, b_2, \cdots, b_i, \cdots)$,$i \in [1, |E(H)|]$,$b_i = 1$ 当且仅当 $e_i \in E(C)$,$b_i = 0$ 当且仅当 $e_i \notin E(C)$。环 C 的长度 $|C|$ 是其包含的边数 $|E(C)|$。环索引向量张成二元向量空间,称为图 H

的环空间,记为 $\mathcal{C}_H$。两个环 C_1 与 C_2 的加定义为索引向量的二元加,即 $C_1 \oplus C_2 = (E(C_1) \cup E(C_2)) \setminus E(C_1) \cap E(C_2)$。给定环集 $\mathcal{C} = \{C_i \mid i = [1, n]\}$,环集 $\mathcal{C}$ 的环合定义为 $\sum C = C_1 \oplus C_2 \oplus \cdots \oplus C_n$。图 H 的环基 $\mathcal{B}$ 是环空间 $\mathcal{C}_H$ 的一个基。环基 $\mathcal{B}$ 的长度 $\ell(\mathcal{B})$ 定义为其中所有环长度的总和,即 $\ell(\mathcal{B}) = \sum_{C \in \mathcal{B}} |C|$。$H$ 的最小环基是具有最小长度的环基。环基 $\mathcal{B}$ 上的最短和最长环分别记为 $|\mathcal{B}|_{min} = \min\{|C|, \forall C \in \mathcal{B}\}$ 和 $|\mathcal{B}|_{max} = \max\{|C|, \forall C \in \mathcal{B}\}$。图 H 中所有最短环基的并集记为 $\Omega(H)$,即若设 $\mathcal{B}_i$ 表示 H 的任意一个最短环基,则 $\Omega(H) = \cup \mathcal{B}_i$。

接下来描述基于环分割的覆盖准则。覆盖准则详见命题 5.2 和 5.3。为了便于理解,首先介绍基本版本的覆盖准则,即目标区域 A_{tar} 为不包含洞的单连通区域,然后扩展相关的概念处理 A_{tar} 是多连通域的情况。本书使用 $\mathcal{C}_B$ 表示网络的全部边界环。对于 A_{tar} 是单连通域的情况,A_{tar} 仅有外边界 C_{outer},因此 $\mathcal{C}_B$ 仅包含 C_{outer}。

定义 5.2　环分割。 给定图 H 上的环 C 和环集 $\mathcal{C}$,若 C 是环集 $\mathcal{C}$ 的环合,即 $C = \sum \mathcal{C}$,则称 $\mathcal{C}$ 是 C 在图 H 上的一个环分割。

定义 5.3　τ - 可分割环。 给定图 H 上的环 C,如果存在 C 的一个环分割 $\mathcal{C}$ 且 $\mathcal{C}$ 中最长环的长度不大于正整数 τ,即 $|\mathcal{C}|_{max} \leqslant \tau$,则称环 C 在图 H 中是 τ - 可分割的。

命题 5.2　单连通域的覆盖准则。 给定图 G 的外边界 C_{outer} 和 G 的子图 G',若 C_{outer} 在图 G' 上是 τ - 可分割的,则 G' 可实现 τ - 圈限覆盖。

基于环分割的定义,可以按如下所述的直观方式来理解命题 5.2 中描述的覆盖准则。将连通图想象为罩在目标区域 A_{tar} 上的一个网状物,且已知网的边界 C_{outer} 包围着 A_{tar}。C_{outer} 是 τ - 可分割的意味着该网的最大网眼不大于 τ。因此区域 A_{tar} 上的任何大于最大网眼的物体将无法穿过该网。所以容易理解命题 5.2 所述覆盖准则的有效性。

命题 5.2 的形式化证明也不难。可以从图 G 的任意一个有效嵌入出发,考虑将图上每个小于或等于 τ 的环填充为实心的多边形,在该嵌入下所有这些多边形区域的并集必将整个目标区域完全覆盖,证明的具体细节这里不再赘述。

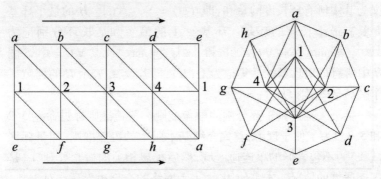

（a）网络的逻辑连接关系 　　（b）网络在平面上的一个有效嵌入

图 5 - 2　möbius 带状网络

如果目标区域是复杂的多连通域,网络将有多个边界。此时覆盖准则需要区分真正的覆盖空洞和由内边界包含而无需覆盖的区域。下面提出多连通域的覆盖准则来处理这样的情况,如命题 5.3 所述。首先对多个环的情况下扩展定义 5.2 和 5.3 中环分割和可分割环的定义。对于多个环 c_M,当环集 c 满足 $|\sum(c_M\cup c)|=0$ 时,我们说环集 c 是 c_M 的环分割。相应地,如果存在 c_M 的环分割 c,且 c 中最大的环小于 τ,$|c|_{\max}\leqslant\tau$,则环集 c_M 是 τ - 可分割的。最后给出如下的多连通域的覆盖准则,其证明同命题 5.2 类似。

命题 5.3　多连通域的覆盖准则。给定图 G 的边界环 c_B 和 G 的子图 G',若 c_B 在 G' 中是 τ - 可分割的,则 G' 能实现 τ - 圈限覆盖。

5.3.2 与同调准则对比

现在将本章提出的覆盖判定标准与 Ghrist 等人的同调群标准[81]进行比较。下面从两个方面比较这两个准则。首先,同调群标准仅能判定固定的 3 - 圈限覆盖,我们的准则可以判定 τ - 圈限覆盖,且 τ 是一个可调的参数。第二,我们的准则在保证正确性的前提下放松了同调群准则。下面通过一个简单例子来解释这两个准则间的不同。

图 5 - 2(a)所示的是一个具有类似 möbius 带状连通关系的网络。图 5 - 2(b)是网络的一种有效嵌入,环$\langle a,b,c,d,e,f,g,h\rangle$是网络的外边界。已知当 $\gamma \leqslant \sqrt{3}$ 时该网络中没有覆盖空洞。容易验证$\langle a,b,c,d,e,f,g,h\rangle$在该网络中是 3 - 可分割的,因此基于环分割的准则判定该网络是 3 - 圈限覆盖的。根据命题 5.1 和命题 5.2,当 $\gamma \leqslant \sqrt{3}$ 时,我们的方法正确地判定该网络是完全覆盖的。但是该 möbius 带网络的一阶同调群是非平凡的。它的同调类型是一个环而不是一个点。因此,同调群准则不会判定该网络是完全覆盖的,因此产生了误判。这主要是因为同调群准则是一个相当强的条件。它要求图中每一个环都是可收缩的,而本例中环$\langle 1,2,3,4\rangle$则不能收缩到一点。比较而言,我们的方法仅需边界环能够由小环拼接起来,极大地放松了同调群方法。反过来,如果网络有平凡的一阶(相对)同调群,那么边界环在该网络中自然是 3 - 可分割的。因此同调群准则可正确判定的网络实例集是我们准则可判定的一个真子集。

5.4 执行覆盖准则

环分割覆盖准则提供了判定圈限覆盖的隐式的存在性条件。要获得能够具体执行的准则,还需要提供可计算的方式确定一个环是否为 τ - 可分割的。本节将提出多项式时间的算法来实现对环的可分割性的判定。给定 G 的边界环集 c_B,如果 c_B 在 G 中不是 τ - 可分割的,算法即输出 c_B 不能通过覆盖准则;否则,如果 c_B 在 G 中是 τ - 可分割的,算法明确地计算出 c_B 的一个合适的环分割。算法的主要思想是将环可分性的判定问题转化为最大最小环分割问题,如定义 5.4 所述,然后设计多项式时间算法构造最大最小环分割。

定义 5.4 最大最小环分割。 给定边界环集 c_B 和它的环分割 c,如果对于任何 c_B 的其他环分割 c',有 $|c|_{max} \leq |c'|_{max}$,那么 c 是 c_B 的最大最小环分割。

算法的主要思想是首先构造所有最小环基的并集,然后利用贪婪算法从最小环基的并集中尽可能利用小环构造出最大最小环分割。具体来讲,设 $\Omega(G)$ 是图 G 的最小环基的并集。$\Omega(G)$ 能够通过 Vismara [161] 的算法在多项式时间构造出来。然后对 $\Omega(G)$ 中所有的环根据长度降序排序。对于任何 $\tau \in [3, |\Omega(G)|_{max}]$,算法首先选择 $\Omega(G)$ 中所有小于等于 τ 跳的环,记为环集 $\Omega(G)_\tau$,然后测试 $\Omega(G)_\tau$ 中是否存在一个子集 $\Omega(G)'_\tau$,满足条件 $\sum c_B = \sum \Omega(G)'_\tau$。该步可以通过解线性方程组 $\sum c_B = \Omega(G)_\tau \cup X$ 来实现,这里 X 是长度为 $|\Omega(G)_\tau|$ 二元向量,记号 $\cup$ 表示点积操作。该方程组可以通过高斯消元法在多项式时间内完成。该过程的细节详见算法 5 - 1。下面证明算法的正确性。

定理 5.5 表述关于算法正确性的主要结果。在证明该结果前,需要先给出定义 5.5 和引理 5.4。如果一个环不能表示为更短环的和,则称该环是不可归约的。该概念最初在化学结构搜索中被称作相关性(relevant)[162]。

定义 5.5　不可归约环分割和空洞环。 给定边界环集 c_B 和 c_B 的环分割 c,如果 c 中所有环在 G 中是不可归约的,则称 c 是不可归约的;若 G 中的某个环被包含在 c_B 的某个不可归约环分割中,则称该环是相对于 c_B 的空洞环。

引理 5.4　给定图 G 的边界环 c_B,至少有一个 c_B 的最大最小环分割是不可归约的。

算法5-1　寻找最大最小环分割

输入:图 G 和边界环集 c_B

输出:最大最小环分割 c

1:构造 G 所有最小环基的并集 $\Omega(G)$

2:对 $\Omega(G)$ 中所有的环根据长度降序排序

3: **for** 对于任何 $\tau \in [3, |\Omega(G)|_{max}]$ **do**

4: 　选择 $\Omega(G)$ 中所有小于等于 τ 跳的环 $\Omega(G)_\tau$

5: 　构造 $\Omega(G)_\tau$ 的最小环基 $\mathcal{B}_\tau$

6: 　解线性方程组 $\sum c_B = \mathcal{B}_\tau \cup X = \sum x_i C_i, x_i \in X, C_i \in \mathcal{B}_\tau$

7: 　**if** 发现解 X **then**

8: 　　设最小最大环分割 $c := \mathcal{B}_\tau \cup X$

9: 　　**return**

10: 　**end if**

11: **end for**

证明:给定非不可归约的最大最小环分割 c,下面描述如何将 c 转化为不可归约的最大最小环分割。对于任何 c 中的可归约环 C,可将其表示为一些不可归约环的和,将这些环加入到 c 中并替换 C,则得到一个新的环分割 c'。通过这样的替换后,则 c' 变为不

可归约的,同时因为 c 是最大最小环分割,必有 $|c'|_{max} = |c|_{max}$,因此 c' 是不可归约的最大最小环分割。证毕□

定理 5.5 算法 5-1 保证发现一个最大最小环分割。

证明:从引理 5.4 可知,存在至少一个不可归约最大最小环分割 c。从文献[161]的引理 1 可知,一个环是不可归约的,当且仅当它被包含在某最小环基中。因此最小环基的并 $\Omega(G)$ 包含所有的不可归约环。本书的算法贪婪地逐渐增加 $\tau,\tau \in [3, |\Omega(G)|_{max}]$,从 $\Omega(G)$ 中选择所有小于等于 τ 跳的环子集 $\Omega(G)_\tau$,因此从 $\Omega(G)_\tau$ 中发现的 c_B 的首个环分割 c,即为不可归约最大最小环分割。证毕□

5.5 分布式覆盖调度算法

前两节建立了圈限覆盖的环分割准则和判定准则的集中式的计算方法。本节的目标是设计基于连通信息的分布式覆盖调度算法。这需要解决两个问题:第一,设计覆盖判定的分布式执行方式;第二,当网络充分满足覆盖准则时,如何删除冗余的覆盖点以延长网络生命周期。

本节首先提出确定式的多项式时间的分布式算法来实现环分割判定准则和调度稀疏的覆盖集。下面用图 5-3 解释方法的执行方式。给定如图 5-3(a)所示的连通图 G 和网络边界,算法的目标是从图中搜索出尽可能少的节点来实现期望的圈限覆盖。图 5-3(b~e)分别显示通过本节算法调度产生的 3,4,5,6-圈限覆盖。从这些结果,可以检验本章算法构造的覆盖节点集是无冗余的,即再删除任何节点将使网络不再能实现期望的圈限覆盖目标。

本节进一步考虑从覆盖集中抽取更多的有用信息。考虑如图 5-3(e)所示的 6-圈限覆盖网络。虽然从整体上知道区域被 6-

圈限覆盖,但是由于没有节点位置信息,圈限覆盖网络中的每个小的覆盖空洞对仍然是未知的。需要指出的是,为了便于理解和比较,本章网络中的节点使用真实的位置画出,但算法仅利用连通信息。如果能够明确的在连通图中定位到这些小的覆盖空洞,这对实际的应用,比如在协作的事件检测、定位与追踪等[92, 118],将有很大的帮助。因此,本节提出分布式空洞定位机制。图 5 - 3(f)显示的是算法从图 5 - 3(e)中抽取和定位的覆盖空洞环。这些空洞环能够很好地捕捉网络空洞,从而为上层应用提供更多有用信息。

5.5.1　VPT 变换

首先介绍 VPT(void preserving transformation)变换。VPT 变换是本章设计用来在分布式算法中对网络连通图进行操作的工具。

首先介绍下面用到的图记号,这些记号在第三章中也有使用。给定图 G 中的顶点集(或边集)X,设 $G[X]$ 表示 G 的基于 X 的顶点(或边)导出子图。设 $H \subseteq G$ 表示 G 的连通子图。给定点集 $Y \subseteq V(H)$,用 $H - Y$ 表示 $H[V(H) \setminus Y]$。给定点集 $Y \subseteq V(G)$ 且 $Y \not\subseteq V(H)$,边集 $Z \subseteq E(H)$,设 $H + Y = H[V(H) \cup Y]$,$H - Z = (V(H[E(H) \setminus Z]), E(H) \setminus Z)$。给定边集 $Z \subseteq E(G)$ 且 $Z \not\subseteq E(H)$,本书设 $H + Z = (V(H) \cup V(G[Z]), E(H) \cup Z)$。当 x 为 G 中单个顶点或边时,$H - \{x\}$(或 $H + \{x\}$)被缩写为 $H - x$(或 $H + x$)。$x \in H$ 或 $x \notin H$ 表示 x 是否在 H 中。点 v 在图 H 中的邻居记为 $N_H(v)$,$N_H(v)$ 不包含 v 自身。点 v 在图 H 中的邻居图 $\Gamma_H(v)$ 定义为 $H[N_H(v)]$。H 中边 $e = (u,v)$ 的邻居图 $\Gamma_H(e)$ 定义为 $H[(N_H(u) \cap N_H(v)) \cup \{u,v\}] - e$。空洞环的定义已在定义 5.5 中给出。

定义5.6　τ - VPT 变换。图 H 的 τ - VPT 变换包括一系列顶点和边删除操作:给定图 H 中的顶点(或边)x,如果邻居图 $\Gamma_H^k(x)$

是连通的,$k \geqslant \lfloor \tau, 2 \rfloor$,且 $\Gamma_H^k(x)$ 中最大不可归约环的长度小于或等于 τ,则顶点(或边)x 可被删除。

　　VPT 变换需要计算图中空洞环的最大长度。本章使用算法 5 －2 来计算该值,即最大不可归约环的长度。虽然保证圈限覆盖只需要空洞环的最大长度,但空洞环的最小长度可从另一方面反映网络覆盖质量的信息。该算法能同时计算出最大和最小的不可归约环的长度。该算法的主要步骤是计算最小环基。最小环基的计算采用的是 Horton 的经典算法[163]。Horton 最小环基算法使用简单的贪婪策略,其时间复杂度是 $O(|E|^3|V|)$。当然也可以使用其他的最小环基算法。本书采用 Horton 算法主要是其非常简单便于执行且在实现中也有较好的性能。目前理论上最好的最小环基算法时间复杂度是 $O(|E|^2|V|/\log|V| + |V|^2|E|)$[164]。

算法5 －2　寻找最小和最大的不可归约环算法

输入:图 H

输出:图 H 中最小和最大不可归约环的值 $l_{\min}$ 和 $l_{\max}$ 以及最大最小环分割 $\mathcal{B}$

1: $\mathcal{C} := \varnothing$

2: **for**　每个点 $v \in V(H)$　**do**

3:　　在图 H 中构造以点 v 为根的最短路径树 T_v

4:　　**for**　每个边 $e = (x,y) \in E(H)\backslash E(T_v)$　**do**

5:　　　　**if**　x 和 y 在树 T_v 的最近公共祖先节点是根节点 v　**then**

6:　　　　　　构造环 $C(v,x,y)$ 和 $\mathcal{C} := \mathcal{C} \cup \{C(v,x,y\}$

7:　　　　**end if**

8:　　**end for**

9: **end for**

10: 按环长对 $\mathcal{C}$ 中的环进行排序

11: $\mathcal{B} := \varnothing$

12: $v := |E(H)| - |V(H)| + 1$

13: **while**　$|\mathcal{B}| < v$　**do**

14:　　选择最短环 $C \in \mathcal{C}\backslash\mathcal{B}$

15：　　对 $C \cup \mathcal{B}$ 执行高斯消元法

16：　**if**　C 关于 $\mathcal{B}$ 线性独立　**then**

17：　　　$\mathcal{B}:=\mathcal{C} \cup \mathcal{B}$

18：　**end if**

19：**end while**

20：输出 $\mathcal{B}, l_{\min}:=|\mathcal{B}|_{\min}$ 和 $l_{\max}:=|\mathcal{B}|_{\max}$

　　定理5.6　算法 5 - 2 能正确地计算出图的最小和最大不可归约环的长度。

　　证明：给定图 H 的任何一个最小环基 $\mathcal{B}$，下面证明图 H 的最小和最大不可归约环的长度 $l_{\min}$ 和 $l_{\max}$ 分别等于 $|\mathcal{B}|_{\min}$ 和 $|\mathcal{B}|_{\max}$。

　　设 c_i 是图 H 中全部不可归约环的集合，因此也是 H 的一个环基，所以 c_i 中任何环都能表示为 c_i 中其他的环的组合。c_i 形成环拟胚体（matroid）[163]。因此，通过贪婪算法能够计算出 C_i 的一个最小环基 $\mathcal{B}_i$。不妨以 Horton 算法的贪婪方式来构造 $\mathcal{B}_i$。这样至少有一个最短的不可归约环，记为 C_1，在第一轮被选入 $\mathcal{B}_i$。此后因为环 C_1 不能被表示为更短环的和，所以环 C_1 将一直保留在 $\mathcal{B}_i$ 中直到贪婪算法结束。

　　下面分析 c_i 中至少有一个最长环也被选入 $\mathcal{B}_i$。否则，假设 c_i 中所有最长环都没有被选入 $\mathcal{B}_i$ 中，因为 $\mathcal{B}_i$ 是 c_i 的环基，所以 c_i 中所有最长环都能表示为 $\mathcal{B}_i$ 中较小的环的和，这同 c_i 的不可归约性矛盾。

　　综上有 $l_{\min}=|l_i|_{\min}$ 和 $\mathcal{B}_{\max}=|\mathcal{B}_i|_{\max}$。根据文献[165]中的定理 3 可知，对于图 H 的任何其他环基 $\mathcal{B}$，有 $|\mathcal{B}|_{\min}=|\mathcal{B}_i|_{\min}$ 和 $|\mathcal{B}|_{\max}=|\mathcal{B}_i|_{\max}$。证毕□

5.5.2 构造稀疏覆盖集

本节将计算稀疏覆盖集问题形式化地描述为寻找无冗余覆盖集问题,如定义 5.7 所述。

定义 5.7 无冗余覆盖集。给定图 G,边界环 c_B 和 τ - 圈限覆盖集 V,c_B 在图 $G[V]$ 中是 τ - 可分割的,且对于任何 V 的真子集 $V' \subset V$,c_B 在 $G[V']$ 中不再是 τ - 可分割的,则称 V 是无冗余的 τ - 圈限覆盖集。

显然通过上一节中描述的覆盖准则的集中式验证方式,能够按序逐个地测试每个点是否可以删除,从而得到一个非冗余覆盖集。具体实现可按如下方式进行。

首先计算边界环的最大最小环分割,并选定所有包含在该环分割中的点作为初始的覆盖集。然后遍历初始覆盖集中的每一个点,如果删除该点后剩下的点仍能满足期望的覆盖要求则删除该点。当无法再删除点时即得到无冗余覆盖集。但这样的算法是集中式的,本节的目标是设计有效的分布式机制来计算无冗余覆盖集。

下面描述基于 VPT 变换的分布式调度算法的细节。该调度算法能够利用局部连通性信息构造稀疏的覆盖集实现给定的圈限覆盖。当连通图满足一定的性质时,算法能确保生成的稀疏覆盖集是无冗余的,详见定理 5.8。此处同样先考虑简单连通域的情况,再处理多连通域的情况。

算法通过 VPT 变换对初始的连通图 G 执行极大的顶点删除,当无法再删除节点时,算法终止并输出覆盖图 G_{vd}。算法的分布式执行过程如下。每个内部节点 v 收集它的 k 跳邻居连通信息 $\Gamma_G^k(v)$,$k = \lfloor \tau/2 \rfloor$。节点 v 通过算法 5 - 2 计算图 $H = \Gamma_G^k(v)$ 中的最大不可归约环的长度,并判断自身是否可以通过 τ - VPT 变换局部删除(边界节点不参与删除过程,始终保持不变)。为了使节点删除并行化,算法按轮调度可删除节点。在每一轮中,所有局部可删除的节点构成候选的待删除节点集。因为图上跳数距离大于等于 m $=k+1$ 的两个节点可以同时删除而互不影响,所以算法从候选节点中分布式地构造一个 k 跳独立集。这些独立集中候选删除点在一轮中同时删除。算法执行直到无可删除节点时终止。图 5-3(b~e)所示的是通过极大的顶点删除之后实现的 3 到 6-圈限覆盖模式。通过这些结果可以检查算法在本例的输出结果是无冗余的。

对于多连通域的情况,连通图将有多个边界。可以对连通图执行预处理使其转变为简单连通域的情况。假设连通图中有 $n \geq$ 2 个边界。算法填充其中 $n-1$ 个边界,而仅保留一个作为外边界,并设保留的边界的长度大于覆盖粒度。填充的具体方法是,对于每个边界增加一个虚拟点,并将该虚拟点连接到该边界上的每一点。Ghrist 等人的覆盖方法[81] 中也使用了类似的技术来化简连通域。对多边界的网络执行这样的修补之后,就可以运行单连通域上的节点删除算法,唯一不同之处是位于被修补边界上的点和边不参与删除过程。

5.5.3 定位覆盖空洞

上小节通过点删除过程构造的简化的连通图 G_{vd},实现了期望的圈限覆盖。但由于节点位置未知,我们并不知道覆盖空洞在覆盖网络中的明确位置。本小节将在 G_{vd} 中为边界环计算有意义的环分割来明确的定位覆盖空洞。分布式计算这样的环分割的困难之处在于环分割本身是不唯一的,通常有大量的组合形式。即使从一个小的覆盖空洞的局部出发,也可能有很多包围它的环。我们的目标是尽可能使用唯一的包围某个洞的环来表征这个洞。从图 5-3(b-e)所示例子可以观察到许多环(特别是三角形)互相

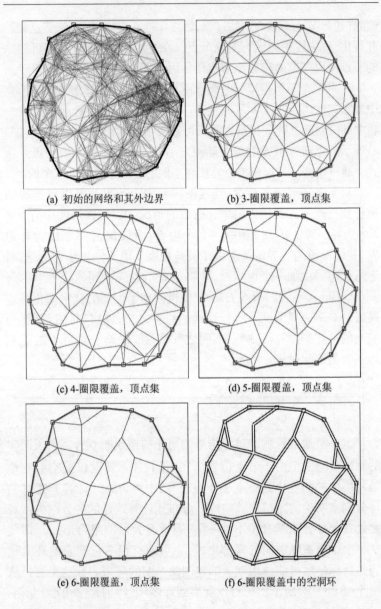

(a) 初始的网络和其外边界

(b) 3-圈限覆盖，顶点集

(c) 4-圈限覆盖，顶点集

(d) 5-圈限覆盖，顶点集

(e) 6-圈限覆盖，顶点集

(f) 6-圈限覆盖中的空洞环

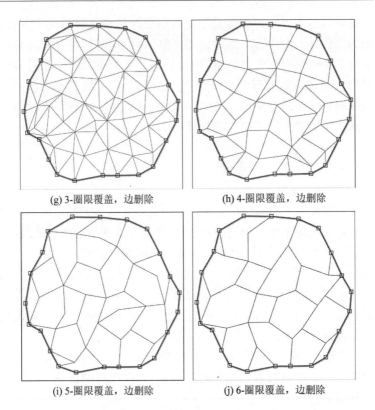

(g) 3-圈限覆盖,边删除　　　　　(h) 4-圈限覆盖,边删除

(i) 5-圈限覆盖,边删除　　　　　(j) 6-圈限覆盖,边删除

图 5 - 3　覆盖调度算法的执行实例

重叠。这使我们很难以分布式的方式对每个覆盖空洞有一致的视图。洞在连通图中之所以有多种表征方式主要是由于图中有冗余边存在,这些冗余边使环分割的组合数量变得很庞大。我们的方法是首先从 G_{vd} 中尽可能地删除冗余边,再从简化的图中抽取紧致的环集来定位空洞。

　　同极大顶点删除过程类似,首先通过 VPT 变换分布式执行极大的边删除操作获得图 G_{ed}。网络边界上的边不参与删除过程。算法仅需局部的连通性信息。图 5 - 3(g ~ j)所示的分别是 3 到 6

-圈限覆盖中极大边删除的结果。然后算法将化简后的图 G_{ed} 分割为空洞环。每个点 v 通过使用文献[161]中的算法计算其局部邻域 $\Gamma_G^k(v)$ 内所有的空洞环 Ω_v, $k = \lfloor \tau/2 \rfloor$。合并所有点的计算结果则得到全部空洞环的集合, $C_{voids} = \cup \Omega_v$。$C_{voids}$ 就是本书得到的表征覆盖空洞的空洞环。图 5-3(f) 中所示的是对图 5-3(j) 中 6 -圈限覆盖进行拆分得到的空洞环。

5.5.4 正确性证明

下面证明本章算法的正确性。因为多连通域的网络可以通过预处理转化为单连通域网络,所以证明仅考虑简单连通域的情况。给定连通图 G 和边界环 C_{outer},本书证明如果 C_{outer} 在 G 中是 τ - 可分割的,那么经过 τ - VPT 变换之后 C_{outer} 在 G_{vd} 中仍是 τ - 可分割的,如定理 5.7 所述,因此保证了算法能正确地实现 τ - 圈限覆盖。进一步,若 G 中的最大不可归约环小于 τ,则构造的稀疏覆盖集保证是无冗余的,如定理 5.8 所述。

定理 5.7 给定图 G 中 τ - 可分割的边界环 C_{outer},通过 τ - VPT 变换对 G 进行点或边删除之后,C_{outer} 在化简的图中仍是 τ - 可分割的。

证明:设 V 是在图 G 中经 τ - VPT 变换删除的点集,下面对点的删除序列进行归纳证明。仅需要证明归纳步,C_{outer} 在 $G-v$ 中仍是 τ - 可分割的,即 $G-v$ 中存在 C_{outer} 的 τ 环分割。因为 C_{outer} 在 G 中是 τ - 可分割的,所以 G 中必有 C_{outer} 的 τ 环分割 $\mathcal{C}$。如果点 v 不包含在环集 $\mathcal{C}$ 的任何环中,那么显然 $\mathcal{C}$ 仍是图 $G-v$ 中 C_{outer} 的一个 τ 环分割。否则,设 $\mathcal{C}_1 \subseteq \mathcal{C}$ 是 $\mathcal{C}$ 中包含点 v 的环的集合,$\mathcal{C}_2$ 是 $\mathcal{C}_1$ 所有环相加后得到的简单环的集合 $\mathcal{C}_2 = \sum \mathcal{C}_1$。对于 $\mathcal{C}_1$ 中任何环 C_1,可知 $|C_1| \leq \tau$ 且 C_1 中的所有点是 v 的 k 跳内邻居,$k \leq \lfloor \tau/2 \rfloor$,又有 $C_{outer} = \sum \mathcal{C}$ 而 C_{outer} 不包含点 v,所以环和 $\mathcal{C}_2$ 中所有的环必定都

包含在 $\Gamma_G^k(v)$ 中。因此可以将环集 $\mathcal{C}$ 转化为环集 $\mathcal{C}' = (\mathcal{C}\backslash\mathcal{C}_1)\cup\mathcal{C}_2$，因此 $\mathcal{C}'$ 是 C_{outer} 在图 $G-v$ 的一个环分割。进一步根据 τ – VPT 变换的条件可知，$\Gamma_G^k(v)$ 中最大不可归约环的长度小于或等于 τ。因此 $\mathcal{C}_2$ 中的每条环均可表示为图 $G-v$ 中小于或等于 τ 环的和。因此，$\mathcal{C}'$ 可进一步转化为 C_{outer} 在图 $G-v$ 的一个 τ 环分割。点删除的情况得证。边删除的情况可以通过类似点删除的方式证明。证毕□

定理 5.8　如果图 G 中的最大不可归约环的长度不大于 τ，本章算法可生成无冗余的 τ – 圈限覆盖集。

证明：因为图 G 中的最大不可归约环的长度不大于 τ，所以若存在冗余点 v，点 v 的局部 k 连通关系图 $\Gamma_G^k(v)$ 中所有不可归约环必定都不大于 τ，所以 v 一定会被 τ – VPT 变换删除。证毕□

5.6　性能评估

本节通过广泛的模拟实验来进一步检验方法的有效性。本节通过改变覆盖粒度和通感比来测试本书提出的分布式圈限覆盖算法(记作 DCC)的性能，并与 Ghrist 等人[81]提出的基于同调群的方法(记作 HGC)进行比较。HGC 方法是目前最有效的基于连通性的覆盖验证方法。

5.6.1　覆盖粒度的影响

在这组实验中，网络均匀部署在方形区域内，网络包含 1600个节点，平均节点度为 25。虽然我们的方法不要求通信模型必须是单位圆盘图，但为了方便与 HGC 方法比较，而 HGC 方法要求网络必须是单位圆盘图，这组实验将网络通信模型设为单位圆盘图。

网络边界通过细粒度边界识别算法[157]获得。为了方便比较不同网络配置的结果,实验固定设最大通信半径 $R_c = 1$,而根据不同通感比 γ 的值调整感知半径的大小。在每一配置中实验执行 100 次独立的随机测试取平均值作为结果。

首先检验最大覆盖空洞和覆盖粒度的关系。如前所述,τ－圈限覆盖能保证目标覆盖区域内的每个覆盖空洞被小于等于 τ 跳的环包围。但覆盖空洞精确的几何尺寸,包括空洞的直径和面积,对于评估圈限覆盖在实际网络中的覆盖质量也有重要意义。这组实验将计算覆盖空洞的最大直径和最大面积,同时改变覆盖粒度从 3 到 9。结果如图 5－4(a)和(c)所示,横坐标是通感比。作为对

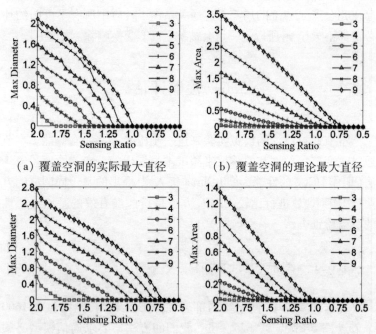

(a) 覆盖空洞的实际最大直径   (b) 覆盖空洞的理论最大直径

(c) 覆盖空洞的实际最大面积   (d) 覆盖空洞的理论最大面积

图 5－4   覆盖空洞的几何大小与覆盖粒度的关系

比,相同配置情况下这些值的理论上限也在图 5 - 4(b) 和 (d) 中给出。从这些结果可见,实际的最大直径和面积远小于理论上的最大值。比如算法构造的 9 - 圈限覆盖与理论上最差的 6 或 7 - 圈限覆盖有差不多的效果。这意味着较大的 τ - 圈限覆盖所实现的覆盖质量经常远好于对它们的保守期望。比较而言,在较小的覆盖粒度中理论估计和实际情况变得更加接近。这种现象的出现主要是因为边数较小的多边形,比如三边形或四边形,比较大的多边形在实际的网络嵌入中更容易形成凸嵌入,这降低了实际和理论的差距。

接下来检查覆盖粒度(confine size)对覆盖集大小的影响。从直观上讲,给定一个目标域,覆盖粒度越大生成覆盖集应越小。图 5 -5 所示的实验结果验证了这一点。覆盖点的数目随着覆盖粒度的增加显著降低。需要指出的是实验中将 3 - 圈限覆盖归一化为基本单位来度量其他更大覆盖粒度生成的结果,也就是说图 5 - 5 中的纵坐标是 τ - 圈限覆盖集大小与 3 - 圈限覆盖集大小的比值。

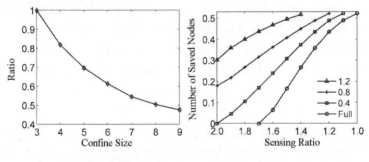

图 5 - 5　覆盖粒度的影响　　　图 5 - 6　DDC vs. HGC

下面的实验进一步在不同的覆盖质量需求和变化的通感比情况下,比较本书的 DCC 算法和 HGC 算法的运行效果。实验改变最差覆盖质量的需求,允许网络中最大覆盖空洞的直径从 0、0.4、0.8 变化到 1.2。直径的值相对于通信半径,即 0.4 代表 $0.4R_c$ 而

$R_c = 1$。最大直径 0 就是完全区域覆盖。另外实验逐渐改变通感比 γ 从 2 到 1，也就是增加感知半径 R_s 从 $0.5R_c$ 到 R_c。图 5 - 6 显示是实验结果，其中纵坐标是 DCC 节省点的数量。

节省点的数量 λ 定义如下：给定覆盖需求，设 n_1 和 n_2 分别是 HGC 和 DCC 发现的覆盖集的大小，则 $\lambda = (n_1 - n_2)/n_1$。

从图 5 - 6 可见 DCC 算法随着感知半径的增大和覆盖质量需求的放松能够节省更多的节点。这是因为 HGC 方法固定覆盖粒度为 3，不能根据当前的通感比和覆盖需求灵活地定制覆盖粒度，而 DCC 允许可调的覆盖粒度使得 DCC 算法可以从大感知半径和弱覆盖需求中得到明显的收益，因此在这样的场景中使用我们的 DCC 算法有显著优势。

5.6.2 通信模型的影响

如前所述 DCC 方法并不依赖单位圆盘图模型。下面采用 GreenOrbs[54] 真实的（trace）网络拓扑来测试 DCC 算法的运行效果。GreenOrbs 项目是正在进行中的森林生态监控系统。当前系统中有近似 300 个传感器节点随机部署在一片森林中。图 5 - 9(a) 所示的是网络的连通拓扑图，296 个小圈表示节点。该图的连通性与单位圆盘图模型有很大不同。

该 GreenOrbs 连通拓扑图通过如下方式得到。首先收集一段时间内从全部节点收回的数据包。每个数据包记录一定量该包产生时刻数据源节点从邻居节点收到的无线信号强度值 RSSI。每条 RSSI 记录指示节点间一条可能的有向通信链路。累积两天内收集到的全部 RSSI 记录获得全部可能的通信链路，最后保留 RSSI 值大于一定门限的双向链路。图 5 - 7 显示收集到全部 RSSI 记录的累积概率分布函数，其中纵坐标表示大于等于一定门限值的记录在全部记录中所占的比例。实验选择 RSSI 的门限值是为

−85dBm 左右,以利用 80% 的无向边。最后一些连通的节点被选作网络边界。

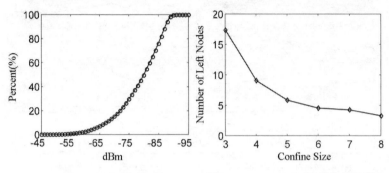

图 5 − 7　RSSI 的 CDF　　图 5 − 8　GreenOrbs 拓扑中的结果

　　下面验证 DCC 算法在该 trace 连通拓扑图中的有效性。同样的,检验覆盖粒度对覆盖集的影响,如图 5 − 8 所示。可见覆盖集中的节点的数量随着覆盖粒度的增加显著的下降。但同前面的图 5 − 5 所示的结果比较,会发现当覆盖粒度从 3 增长到 5 时,图 5 − 8 中所示的覆盖集降低得更快。这意味着 4 和 5 − 圈限覆盖在该连通拓扑中比 3 − 圈限覆盖包含更少的节点。

　　我们分析产生这种现象主要由于两方面原因:首先,在 GreenOrbs 拓扑中有很多较长的通信链路,而覆盖粒度越大则越能更好地利用这些长链路。第二,该拓扑的狭长形状使边界效应在覆盖粒度越大时越显著,减小了覆盖集。图 5 − 9(b ~ f)所示的是一组 DCC 算法生成的 3 到 7 − 圈限覆盖的效果图。检查这些结果,可见 DCC 能容忍网络通信的不规则性,在实际的网络连通图中仍能取得较好的效果。

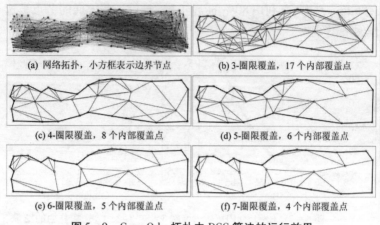

(a) 网络拓扑，小方框表示边界节点   (b) 3-圈限覆盖，17 个内部覆盖点

(c) 4-圈限覆盖，8 个内部覆盖点   (d) 5-圈限覆盖，6 个内部覆盖点

(e) 6-圈限覆盖，5 个内部覆盖点   (f) 7-圈限覆盖，4 个内部覆盖点

图 5 – 9   GreenOrbs 拓扑中 DCC 算法的运行效果

5.7　小　结

　　不依赖位置信息的覆盖问题是当前无线自组织与传感器网络中的重要问题和热点问题。目前基于连通性的覆盖方法受到集中式计算模式和通信模型假设等因素的制约，难以有效的应用于大规模自组织传感器网络中。本章通过建立覆盖问题的图理论框架，首次设计出仅利用连通性信息的、分布式的、粒度可调的覆盖模式。简单来讲，本章将不依赖位置信息的覆盖问题建模为圈限覆盖。圈限覆盖既保证了覆盖的充分性又提供了灵活的可定制性。本章基于环分割技术建立了覆盖判定准则，提出了稀疏覆盖集的分布式调度算法。该算法具有仅使用局部的连通性信息和提供按需的可配置的覆盖粒度等良好特性。通过理论分析证明了方法的正确性，并通过大量的实验验证了方法的有效性。

第六章 不依赖位置信息的自监控拓扑构建

在上一章讨论了面向感知覆盖应用的拓扑构建,本章研究面向安全应用的拓扑构建。本章的目标是设计一种自监控拓扑,使得网络中的每条通信链路都能够被网络中一些节点所监控。本章证明即使在有几何表出的单位盘图模型中,构造最优的自监控拓扑也是 NP 完全的,并在不同的图模型下对问题的理论可近似性进行了深入分析;进一步在依赖位置信息的情况下,设计出多项式时间的近似模式(PTAS)的算法,及其他有近似比和时间复杂度保证的分布式算法。广泛的模拟实验验证了算法的有效性。

6.1 引　言

传感器网络的很多重要应用是工作于无人值守甚至敌对环境中,比如森林火灾监控、国土安全、军事侦查等。在这些应用中安全成为系统设计需要考虑的重要问题。传感器网络易受到许多严重的攻击,比如虫洞攻击、黑洞攻击、身份伪装攻击、拒绝服务攻击、节点捕获攻击等[166, 167]。在传感器网络安全机制研究方面,目前已经开展了大量基于密码学技术的工作[168-171]。密码学技术为设计安全的网络协议,实现数据的机密性、完整性和认证性等提供了重要保障。但仅使用密码学技术不足以解决传感器网络中许多重要的安全问题,比如虫洞攻击、节点捕获攻击以及其他的新型攻击等[172]。因此,研究人员开始探索用非密码学技术来解决那些超出密码学能力的安全问题[106, 172 - 174]。局部监控模式是目前无线自组织与传感器网络中一种有效的非密码学安全手段[106, 172 - 176]。局部监控模式利用了无线自组织网络通信信道的广播特性,有望成为密码学安全机制的一种有效补充。

下面用图 6 - 1 所示的例子解释局部监控的基本思想。图中虚线的圆表示节点的传输半径。节点 M_1 和 M_2 监控着从 S 到 R 的通信链路。M_1 和 M_2 既能收到 S 发给 R 的数据流,也能捕获 R 收到 S 的消息之后发出的数据流。通过分析这些数据流的逻辑,监控节点 M_1 和 M_2 就有可能判断出 R 的行为是否异常,比如对数据包的丢弃、乱序发送、修改、伪造等恶意攻击。为满足充分的安全需求,经常需要多个节点来执行这种监控行为。因此在局部监控模式中,一定数量的节点被调度用来执行对特定网络区域的通信链路进行监控的任务。监控节点本身也是普通节点,除了完成监控功能,也能执行通信和感知等其他的基本网络操作。

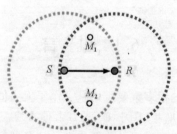

图 6 - 1   局部自监控

局部监控模式最早是由 Marti 等人[177]在自组织网络中提出来的,被称为看门狗(watchdog)。此后在无线自组织网络[178 - 180]和传感器网络[106, 172 - 174]中,基于这一思想开展了许多后续工作,

包括安全路由、名誉及信任系统、入侵检测等。具体来讲,Khalil
等人[173]提出轻量级的安全路由协议。该协议使用局部监控技术
来缓解传感器网络中一些对控制报文和数据报文进行的攻击。
Khalil 等人[106]还利用局部监控技术设计了一种虫洞攻击的检测
机制。文献[174]使用邻居监控提高每跳包传输的可靠性。在名
誉和信任系统中[172, 178, 180],邻居监控作为基本模块监控邻居间的
信息交换,用来建立节点间的信任关系。此外局部监控技术也被
用来构建入侵检测系统[179, 181]。

　　前面利用局部监控模式的各种机制,通常假设网络中有充分
的节点能够实施监控行为。这一假设存在两方面问题。第一,这
样的需求若没有得到满足,就需设计相应的调度机制来保证这一
点;第二,局部监控模式需要监控节点保持活跃来监听网络的行
为,所以在实现给定的监控条件下应使用尽量少的节点,从而降低
网络开销。

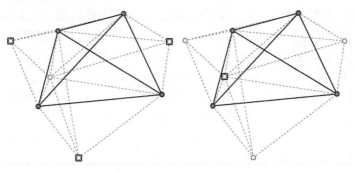

（a）随机选择　　　　　　（b）最优选择

图 6 – 2　最优选择与随机选择的比较

　　考虑图 6 – 2 所示的例子。点和实线表示活跃的节点和链路,
小圈和虚线表示睡眠节点和其他潜在的通信链路。假设系统的安
全需求期望每条链路被至少三个点监控(不包括链路自身的端

点）。在图 6-2 所示的网络中,因为有些链路没有足够的(三个)活跃邻居,该需求并不能得到满足。因此需要选择并激活一些睡眠节点。图 6-2(a)中标为方框的点表示一种基于随机选择的激活方案。该方案选择了三个附加的点。如果采取最优策略的话,则只需要一个节点就可以了,如图 6-2(b)所示。因此,有必要研究拓扑优化技术来提高局部监控模式系统的性能。

局部监控模式对传感器网络的连通拓扑提出了新的需求。目前面向局部监控应用的拓扑调度和优化技术的研究还非常有限。一般来讲,构建与维护连通拓扑属于拓扑控制的范畴[182-184]。拓扑控制主要目标通常包括实现能量有效的通信、扩展网络的生存周期、提高网络的利用率和容量、最小化干涉、降低数据包的传输时延、增加网络对节点失效的鲁棒性等。目前的拓扑控制技术还没有考虑面向自监控需求的拓扑优化。下面讨论与局部监控模式相关的一些节点调度工作。Khalil 等[185]提出一种按需的睡眠调度协议来缩短局部监控模式中节点监控时的活跃时间。该工作仅考虑对于给定的通信链路调度节点,使期望的监控需求得到满足,而未考虑研究对监控节点的优化选择以降低监控点的数量。该工作[185]和本章的工作从两个不同的方面对局部监控模式进行优化。其他同本工作相关的问题包括节点自监控[186]和自保护[187,188]技术。Hsin[186]等人提出面向网络系统故障诊断应用的节点自监控技术。该方法主要关注于检测节点由于内部的功能异常、能量耗尽等,或者是外部的火灾、入侵等事件产生的失效。Wang 等人[187,188]提出自保护机制实现相邻节点间的互相保护。节点自监控和自保护机制侧重于使用节点来监控节点,不同于局部监控模式使用节点监控通信链路。

致力于设计面向局部监控模式的自监控拓扑,目标是调度尽可能少的点实现对网络中的每条通信链路期望数量的监控。我们在不同的图模型下对问题的难度和理论可近似性进行了深入分析,证明即使在有几何表示的单位盘图模型中,构造最优的自监控拓扑也是 NP 完全的。在不依赖位置信息的情况下,我们设计出多个有效的分布式近似算法,包括多项式时间的近似模式(PTAS)的算法,并通过大量的模拟实验进一步验证了算法的有效性。

本章的余下部分组织如下:6.2 节给出问题的形式化描述;6.3节分析问题的难度和可实现的近似比;6.4 节设计不依赖于位置信息的分布式近似算法;6.5 节描述性能评估;6.6 节总结本章。

6.2 问题描述

本章考虑部署在平面区域上的传感器网络,假设每个网络节点有唯一标识(ID)。将网络通信的连通关系图建模为简单无向图 G_c,顶点表示传感器节点,一对双向的边 $\langle u,v \rangle$ 和 $\langle v,u \rangle$ 表示在顶点 u 与 v 之间存在直接的通信链路。我们称由通常的拓扑控制算法调度和创建的活跃通信网络为活跃工作拓扑图,为通信图 G_c 的子图。V(G) 和 E(G) 分别表示图 G 的顶点集和边集。

定义 6.1 给定图 G_c 中的有向边 $e = \langle v_1,v_2 \rangle$ 和顶点 $v \in$ V(G)\$v_1$,若有向边 $\langle v_1,v \rangle$ 和 $\langle v_2,v \rangle$ 属于 E(G_c),则称 v 能监控边 e;给定 G_c 中的边集 E、顶点集 V 以及自然数 k,若 E 中每条边 e 能被 V 中至少 k 个不同的顶点监控,则称 V 能 k-监控边集 E。

定义 6.2 给定图 G_c 的子图 G,G 中的边集 E 和向量 $b \in \mathbb{N}_{0,+}^E$,若 E 中每条边 e 在 V(G) 中有 $b(e)$ 个不同的顶点能监控 e,则称 G 对于边集 E 有 b-自监控能力;若给定自然数 k,对于 E 中的每条边 e 有 $b(e) \geq k$,则称 G 对于边集 E 有 k-自监控能力。

传感器网络的连通拓扑经常为了面向不同的应用而有多种不同的优化目标。自监控能力对传感器的连通拓扑提出了新的需求,因此有必要研究如何整合自监控子目标和其他目标。为了使算法更具通用性,本章将自监控作为一个独立的功能模块来处理,即研究如何以最小代价将任意给定的连通拓扑转化为带有期望自监控能力的拓扑。该转化过程可以形式化为定义 6.3 所示的问题。

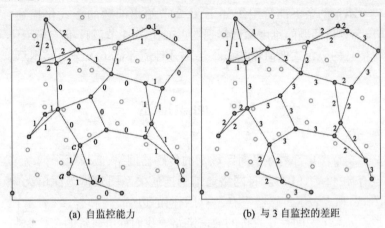

(a) 自监控能力   (b) 与 3 自监控的差距

图 6-3   从 MSMTP 转换为 MPMSP 的过程

定义 6.3   最小自监控拓扑问题(MSMTP)。给定图 G_c,$G_0 \subseteq G_c$ 和常数 k,寻找子图 $G_1 \subseteq G_c$,使得 $G_0 \subseteq G_1$,$V(G_1)$ 能 k-监控 $E(G_0)$ 且最小化 $|V(G_1)|$。

需要指出的是在定义 6.3 中,$V(G_1) k$-监控的边集是 $E(G_0)$ 而不是 $E(G_1)$。这是因为在局部监控模式中图 G_0 中的通信边是监控和保护的对象,而在监控节点与通信节点间的链路不是监控的对象。图 6-3(a)所示的例子解释了最小自监控拓扑问题(MSMTP)。图中点和圈分别表示活跃节点和睡眠节点。线表示需要监控的活跃的通信边。根据定义 6.1,每条边在当前网络中有其自身的被监控数。例如边 (a,b) 仅能被点 c 监控,所以当前网络对于边 (a,b) 仅有 1-自监控能力。图 6-3(a)中的数字标出每条边当前的被监控度。若需要到对图 6-3(a)中所有边实现

3 - 自监控,还需要唤醒一些睡眠节点。图 6 -3(b)中的数字指示每条边距实现 3 - 自监控的所差的监控数。MSMTP 等价于激活最小数量的睡眠节点来实现对不满足自监控能力的这些边进行监控。因此定义 6.3 的 MSMTP 问题能够转化为定义 6.4 中的最小监控补集问题。

　　定义 6.4　最小监控补集问题(MPMSP):给定图 G_c 和 G,设边集 E_p 表示 G 中没有被 k - 监控的边,设 $b \in \mathbb{N}^{E_p}$ 是 E_p 需要增加的监控数,设 $V_p = \mathrm{V}(G_c) \backslash \mathrm{V}(G)$;MPMSP 的目标是寻找顶点集 $V \subseteq V_p$,使得 V 能实现对 E_p 的 b - 监控且最小化 $|V|$。

　　定义 6.4 的 MPMSP 中节点的权重均一样。MPMSP 进一步能够扩展为节点包含非负权重的情况,问题的约束不变,仅是目标函数替换为节点的权重和,我们称之为最小权重监控补集问题(WMPMSP)。在后面涉及 WMPMSP 的讨论中,使用 W_p 表示节点的权重函数。另外补充说明一点,在定义 6.1 中,节点 v_1 没有被考虑作为有向边 $\langle v_1, v_2 \rangle$ 的监控点。在双向链路的网络中,如果修改这个定义允许 v_1 监控 $\langle v_1, v_2 \rangle$,那么所有链路都增加了一个自监控数,这样对 MPMSP 的定义并没有影响。

6.3　问题难度分析

　　本节首先证明即使在有几何表示的单位圆盘图模型下,MPMSP 也是 NP 完全的,然后在更多的图模型下研究 MSMSP 的可近似性,最后讨论权重情况 WMSMSP 的可近似性。

6.3.1　问题的难解性

MPMSP 的难度很大程度上依赖于使用何种图模型来建模传感器网络。在所有的模型中,已知几何表示的单位圆盘图是最简单的[189]。因此本节将从该模型开始证明 MPMSP 的 NP 完全性,然后再扩展到其他模型。我们使用亲近模型[89]来定义单位圆盘图,即平面上形成单位圆盘图的点间存在边当且仅当它们的间距小于给定的常数距离。在描述证明前,先给出一些相关的定义和记号。

定义 6.5　给定 MPMSP 问题(G_c, G, E_p, V_p, b),定义 V_p 中顶点 v 的监控度为它能监控的 E_p 中边的数量,记作 $\delta(v)$;E_p 中边 e 的受监控度定义为 V_p 中能够监控 e 的顶点数,记作 $\lambda(e)$;最大监控度 $\Delta = \max\{\delta(v), v \in V_p\}$,最大受监控度 $\Lambda = \max\{\lambda(e), e \in E_p\}$。

定理 6.1　当 $\Delta \geq 3$ 时,MPMSP 在几何表示的单位圆盘图中是 NP 完全的。

证明:要证明 MPMSP 是 NP 完全的,只需证明当监控数 b 是特定常数 $k \geq 2$ 时,记为 kMPMSP,该问题仍是 NP 完全的。显然 kMPMSP 属于 NP,因为验证 E_p 中的每条边 e 是否可被 V_p k - 监控能在多项式时间内完成。下面证明 kMPMSP 是 NP 难的。主要思路是将最大度为 3 的平面图中的顶点覆盖问题归约为 kMPMSP,同时该平面图顶点覆盖问题是经典的 NP 完全问题[190]。

下面构造多项式时间的归约过程。将任意最大度为 3 的平面图 G_a 中的顶点覆盖问题,转换为几何单位圆盘图中的 kMPMSP 问题(G_c, G, E_p, V_p, k) 且 $k \geq 3$。如果知道(G_c, G, E_p, V_p, k) 的最小监控补集解,在多项式时间内能够得到 G_a 的最小顶点覆盖。构造几何单位圆盘图 G_c 的关键是确定点平面集的位置和允许的通信边

的常数距离限 C。构造过程分为三步。

第一步,首先构造 G_a 的平面正交网格嵌入[191]。该嵌入将 G_a 的顶点映射为平面上不同的网格点,将 G_a 的边映射为不相交的网格路径。经过这样的嵌入,G_a 的所有顶点都位于整数网格点上。该平面正交网格嵌入存在[192]且能够在多项式时间 $O(|V(G_a)|)$ 内完成[191]。然后放大图的比例尺使得单位距离变为 $2m+1 \geqslant 9$,因此 $E(G_a)$ 中每条边 e_i 的长度 $|e_i|$ 都是 $2m+1$ 的整数倍。接下来,若 $|e_i|$ 是偶数,我们选择 e_i 上一个单元段,在局部修改它使 $|e_i|$ 的长度增加 1 变成奇数。图 6-4 解释了这样的重画过程。图中从 i_0 到 i_{2m+1} 指示一个长为 $2m+1$ 的网格单元。删除长为 2 的小线段 (i_{m-1}, i_{m+1}),并用三个长度为 1 的小线段 $(i_{m-1}, i_{m,a})$,$(i_{m,a}, i_{m,b})$,$(i_{m,b}, i_{m+1})$ 重新连接 i_{m-1} 和 i_{m+1}。现在将 G_a 中所有的顶点加入到图 G 和 G_c 中。

第二步,在 $E(G_a)$ 中的每条边 e_i 上以等间距 1 放置 $L=|e_i|-1$ 个顶点,记这些点为 $v_{i,l}$,$l \in [1, L]$。将所有这些中间点加到图 G 和 G_c 中。因为 $|e_i|$ 是奇数,所以 $L=|e_i|-1$ 是偶数。设 $v_{i,0}$ 和 $v_{i,L+1}$ 表示边 e_i 的两个端点。接下来,对于 G 中每个顶点 $v_{i,l}$,$l \in [1, L]$,增加一个顶点 $u_{i,l}$ 使得 $d(v_{i,l}, u_{i,l}) < R$。这里 R 是一个常数,它的取值后面讨论。现将所有点 $u_{i,l}$ 加到 G_c 中。容易验证,若设置 $R=0.1$ 和 $C=1.1$,则如下的不等式成立:

① $\forall e_i \in E(G_a)$,$l \in [1, L]$,

$d(u_{i,l}, v_{i,l-1})$,$d(u_{i,l}, v_{i,l})$,$d(u_{i,l}, v_{i,l+1}) < C$,

$d(v_{i,l}, v_{i,l-1})$,$d(v_{i,l}, v_{i,l+1}) < C$

② $\forall e_i \in E(G_a)$,$l \in [1, L]$,$\forall v \in V(G) \setminus \{v_{i,l-1}, v_{i,l}, v_{i,l+1}, u_{i,l}\}$

$d(u_{i,l}, v) > C$

③ $\forall e_i \in E(G_a)$,$l \in [1, L]$,$\forall v \in V(G) \setminus \{v_{i,l-1}, v_i, v_{i,l+1}\}$

$d(v_{i,l}, v) > C$

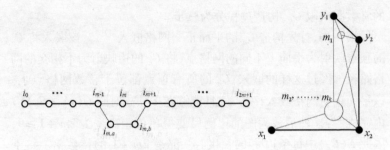

图 6 - 4   网格局部重画   图 6 - 5 构件 W

第三步,首先构造组合部件 W,如图 6 - 5 所示。图中线表示节点间的连接关系。需要指出的是图 6 - 5 中每个点 m_i, $i \in [2, k]$ 都同 x_1, x_2, y_1, y_2 相连,但为简洁起见,这些边没有都画出来。设 V_W 表示顶点序列 $[x_1, x_2, y_1, y_2, m_1, \cdots, m_k]$。对于 G 中每条边 $(v_{i,l}, v_{i,l+1})$,在这条边附件放置点 $m_{i,l,1}, \cdots, m_{i,l,k}, y_{i,l,1}, y_{i,l,2}$。设 S_i 表示点序列 $[v_{i,l}, v_{i,l+1}, y_{i,l,1}, y_{i,l,2}, m_{i,l,1}, \cdots, m_{i,l,k}]$(或 $[v_{i,l+1}, v_{i,l}, y_{i,l,1}, y_{i,l,2}, m_{i,l,1}, \cdots, m_{i,l,k}]$)。通过调整这些点的位置使点集 S_i 与点集 V_W 按序的一一对应,并且由点集 S_i 导出子图在不考虑边集 $\{(m_{i,l,r}, m_{i,l,s}) \mid r, s \in [1, k]\}$ 的情况下同构于组合部件 W。同时限制 $v_{i,l}$ 和 $v_{i,l+1}$ 这两点,只有一个对应到 W 中的 x_2,将其记为 $x_{i,l,2}$ 而另一个记为 $x_{i,l,1}$。同时也限制边 $(y_{i,l,1}, y_{i,l,2})$ 仅能与 G_c 中的点 $m_{i,l,1}, \cdots, m_{i,l,k}$ 形成 K_3 图,而点 $m_{i,l,1}, \cdots, m_{i,l,k}$ 仅能与 G 中的边 $(x_{i,l,1}, x_{i,l,2})$, $(x_{i,l,2}, y_{i,l,1})$, $(y_{i,l,1}, y_{i,l,2})$ 形成 K_3 图。不难验证,基于前面的对参数 R 和 C 设定的值,所有这些约束能够通过仔细地调整新加入节点的位置得到满足。将所有这些点加到 G_c 中,但是仅将 $y_{i,l,1}, y_{i,l,2}$ 加入到 G 中。

至此该多项式时间的转换过程已经完成。构造的图 G_c 和 G 都是几何单位圆盘图,G 是 G_c 的子图。不难检验 G 对于边集 $E(G)$ 有 0 - 自监控能力。为使 G 对于 $E_p = E(G)$ 有 k - 自监控能力,并设 $V_p = V(G_c) \backslash V(G)$,则得到 kMPMSP 问题(G_c, G, E_p, V_p,

k）。容易验证这样构造的问题中最大监控度 Δ 为 3。最后容易验证 G_a 有数量为 N 的顶点覆盖当且仅当 kMPMSP 问题（G_c，G，E_p，V_p，k）有大小为 $M = N + \Sigma_{e_i \in E(G_a)}(k+1/2)(|e_i|-1)$ 的监控补集。证毕□

推论 6.2　当 $\Delta \geqslant 3$ 时，WMPMSP 问题在几何单位圆盘图中是 NP 完全的。

传感器网络中还有很多比基于单位圆盘图模型的更一般化的模型，比如准单位圆盘图模型、受限独立数图、单位球图和一般图等[91]，这里统称这些图为扩展的单位圆盘图，因为单位圆盘图是这些图的子类。

推论 6.3　当 $\Delta \geqslant 3$ 时，MPMSP 和 WMPMSP 问题在扩展的单位圆盘图中是 NP 完全的。

定理 6.4　当 $\Delta \leqslant 2$ 时，WMPMSP 问题在一般图中是多项式时间可解的。

证明：当 $\Delta \leqslant 2$ 时，WMPMSP 问题能被转化为多图（非简单图）上的简单边覆盖问题（simple b-edge covers），该问题是多项式时间可解的[193]。给定 WMPMSP 问题（G_c，G，E_p，V_p，b，W_p），按如下方式构造多图 G_m。每条边 $e \in E_p$ 对应于每个顶点 $v_e \in V(G_m)$。如果顶点 $v \in V_p$ 仅监控 E_p 中的一条边 e，那么在 $v_e \in V(G_m)$ 上加一个自环。如果顶点 $y \in V_p$ 能监控两条边 $f,g \in E_p$，那么将边 $(v_f, v_g)_y$ 加到 G_m 中。证毕□

推论 6.5　当 $\Delta \leqslant 2$ 时，MPMSP 问题在一般图中是多项式时间可解的。

6.3.2　可近似性分析

本节研究在几何单位圆盘图模型中，设计平移策略（shifting strategy）[194]来近似 MPMSP 问题。该方法是对 MPMSP 问题的多项式时间的近似模式(PTAS)。主要过程详见算法 6-1。

算法6-1　　MPMSP问题在几何单位圆盘图中的 PTAS算法

输入：MPMSP (G_c, G, E_p, V_p, b)，区域 R 内有几何表示的 UDG 图 G_c 和常数 $\varepsilon > 0$

输出：$(1+\varepsilon)$ 近似的最小监控补集 H

1：计算满足 $(12/m) \leqslant \varepsilon$ 的最小偶数 m

2：$H := \varnothing$

3：**for** 偶数 $i := 2$ 到 m **do**

4：　**for** 偶数 $j := 2$ 到 m **do**

5：　　划分 R 为子区域 $S_{i,j} = \{\ ]l, l+2] \times]t, t+2]\mid l \equiv i \bmod m,\ t \equiv j \bmod m\}$

6：　　$H_{i,j} := \varnothing$

7：　　**for** 每个 $s \in S_{i,j}$ **do**

8：　　　在方格 s 内，计算子问题的最小监控补集，并将其加入到 $H_{i,j}$ 中

9：　　**end for**

10：　**if** $|H| > |H_{i,j}|$ **then**

11：　　$H := H_{i,j}$;

12：　**end if**

13：　**end for**

14：**end for**

下面详细解释算法的设计思想和具体步骤。给定 MPMSP 问题 (G_c, G, E_p, V_p, b)，当 G_c 是几何单位圆盘图时，所有能监控相同边的顶点落在一个纺锤形区域，即以该受监控边的端点为圆心的两个圆盘的相交区域。因此，E_p 中每条边 e 可以同平面上的每个纺锤形区域 l_e 一一对应。MPMSP 问题就是从 V_p 中选择最少的点来命中(hit)这些纺锤形区域，使每个区域 l_e 被命中至少 $b(e)$ 次。

设 R 表示包围 G_c 的最小方形区域。对于给定的输入参数 ε，算法预先计算最小的偶数 $m \geqslant 12/\varepsilon$。算法使用圆盘的半径作为长度单位。对于每个偶数对 $(i,j), 2 \leqslant i, j \leqslant m$，算法用水平线集($l$

$\equiv i \bmod m$）和竖直线集（$t \equiv j \bmod m$）将区域 R 划分为一些小方格。对于每个纺锤形，如果它的几何中心落在一个方格中，就认为该纺锤形落在这个方格中。对于给定的划分对 (i,j)，设 $S_{i,j}$ 表示这次划分产生的方格的集合。每个 $S_{i,j}$ 中的方格内的归约子问题的最优解能够在多项式时间内通过完全枚举得到。所有这些小方格内的解联合起来就构成了划分 (i,j) 情况下的候选命中集 $H_{i,j}$，通过遍历参数 (i,j)，算法选择一个最小的命中集 H。

定理 6.6　在几何单位圆盘图中，算法 6 - 1 是 MPMSP 问题的多项式时间近似模式（PTAS）算法。

证明：设 H_o 是最优命中集，H 是通过平移策略得到的解。对于固定的 i,j 对，设 $H_o(i,*)$、$H_o(*,j)$、$H_o(*,*)$ 表示 H_o 中的一部分点集，这些点分别落在不同种类的纺锤形中；$H_o(i,*)$ 表示落在与水平线相交的纺锤形中的点，$H_o(*,j)$ 表示落在与竖直线相交的纺锤形中的点，$H_o(*,*)$ 表示落在或者与水平线或者与竖直线相交的纺锤形中的点。对于每个方格 $s \in S_{i,j}$，设 $L(s)$ 表示方格 s 中纺锤形的集合。设 $H_o(s)$ 是属于 H_o 且落在 $L(s)$ 中那些顶点，$OPT(s)$ 表示纺锤形集合 $L(s)$ 的最优命中集。因此对于任意的 i,j，不等式 $|H| \leqslant \bigcup_{s \in S_{i,j}} OPT(s) \leqslant \sum_{s \in S_{i,j}} |OPT(s)| \leqslant \sum_{s \in S_{i,j}} |H_o(s)|$ 成立。又因为在与划分线相交的纺锤形中的顶点最多会被选到四个方格中，所以有 $\sum_{s \in S_{i,j}} |H_o(s)| \leqslant 3|H_o(*,*)| + |H_o|$。

注意算法设置平移间距是两个单元，因此所有纺锤形只会与一条水平线（或竖直线）相交一次。所以有 $\sum_{2 \leqslant i \leqslant m} |H_o(i,*)| \leqslant |H_o|$ 和 $\sum_{2 \leqslant i \leqslant m} |H_o(*,j)| \leqslant |H_o|$。所以必定存在某个划分 (i,j)，使得 $|H_o(i,*)| \leqslant 2|H_o|/m$ 和 $|H_o(*,j)| \leqslant 2|H_o|/m$。对于该划分 (i,j)，可得到 $|H_o(*,*)| = |H_o(i,*) \cup H_o(*,j)| \leqslant$

$|H_o(i,*)| + |H_o(*,j)| \leqslant 4|H_o|/m$。综上得到 $|H| \leqslant (1 + 12/m)|H_o| \leqslant (1 + \varepsilon)|H_o|$。

接下来证明算法能够在多项式时间终止。主要证明每个方格内的最优解能够在多项式时间内通过枚举获得。对于给定的常数 m，下面证明最优的监控补集的大小限制在 $O(m^2)$ 范围内。因此 $S_{i,j}$ 的最优解能够在 $n^{O(m^2)}$ 时间内算出。

假设在方格 s 内有 n 条边 $\{e_i | i \in [1,n]\}$，每条边 e_i 需要被命中 $b(e_i) \geqslant 1$ 次，设 $b_M = \max(b)$ 表示 b 中的最大值。可以认为存在 $b(e_i)$ 个纺锤形重叠地放在边 e_i 上。逻辑上可以将全部的纺锤形分为 b_M 组，使每一组包含 L_k 个纺锤形，$k \in [1,b_M]$，且 $L_{k+1} \leqslant L_k$。对于每一组纺锤形，设 L_k 个纺锤形的总覆盖区域为 $A_s(L_k) = |\cup_{j=1}^{L_k} l_j|$（$l_j$ 表示与边 e_j 对应的纺锤形，$|l_j|$ 表示 l_j 的面积），则有 $A_s(L_k) \leqslant (m+1)^2$。易知一个小方块区域内的最小纺锤形的面积至少是 $\alpha = 2\pi/3 - \sin(2\pi/3) \approx 1.2284$。想象每个顶点能够命中一层纺锤形，那么最多需要 $A_s(L_k)/\alpha$ 个顶点来命中 L_k 个纺锤形。所以，命中所有的纺锤形最多需要 $\sum_k A_s(L_k)/\alpha \leqslant b_M(m+1)^2/\alpha < b_M(m+1)^2$ 个点。因此一个方格内的最优解数量限制在 $O(m^2)$ 范围内。证毕 □

定理 6.7 在一般图中 MPMSP 和 WMPMSP 问题存在近似比为 $\rho = \min(H(\Delta), \Lambda)$ 的近似算法。

证明：当在一般图中处理 MPMSP（或者 WMPMSP）问题时，MPMSP 问题能够建模为集合多覆盖问题（set multi-cover）。因此可从集合多覆盖问题获得该近似比[195]。这里函数 $H(n) = \sum_{i=1}^{n} 1/i$ 是第 n 个调和数。证毕 □

6.4 基于连通性的算法设计

6.3.2 节设计了基于位置信息的平移模式实现了对 MPMSP 问题的 PTAS 算法。但在没有位置信息（或几何表示）的情况，这样的平移模式将无法执行。而且给定组合单位圆盘图，计算相应的几何表示是 NP 难的[80]。此外，基于位置的平移模式方法需要集中式的机制收集和排序候选解，所以该方法本质上是集中式的算法。本节的目标是设计基于连通性信息的近似算法。本节首先提出监控集有界图模型，并基于该模型设计出 MPMSP 问题基于连通性的 PTAS 近似算法，然后提出两个仅利用局部连通关系且有近似比保证的分布式算法。

6.4.1 PTAS 近似算法

首先描述监控集有界图（monitoring-set bounded graph）模型，并基于该模型设计 PTAS 算法，该思想受到之前最大独立集问题的启发[189]。监控集有界图是本书面向自监控应用提出来的而又涵盖很广的图类。单位圆盘图和准单位圆盘图都是它的子类。给定图 H 中的顶点 v，这里设 $N_k(H,v)$ 表示点 v 在图 H 中 k 跳以内的邻居，设 $\Gamma_k(H,v)$ 表示点 $N_k(H,v)$ 在图 H 中的导出子图，即 $\Gamma_k(H, v) = H[N_k(H,v)]$。

定义 6.6 **监控集有界图**。对于 G_c 中每点 v 和给定的正整数 k，如果存在多项式函数 $f(x)$，使得 MPMSP 问题在 $\Gamma_k(G_c,v)$ 中归约的问题的解最多为 $f(k)$，则称 G_c 是关于函数 $f(x)$ 的监控集多项式有界图。

引理 6.8 单位圆盘图和准单位圆盘图是监控集有界图。

证明：设 v 是单位圆盘图 G 中的顶点，$u \in N_r(G, v)$，且 $d_{u,v}$ 表示点 u 和 v 间的欧氏距离，则有 $d_{u,v} \leqslant r$。考虑所有被点集 $N_r(G, v)$ 和 v 命中的纺锤形都在以 v 为圆心、以 $r+1$ 为半径的圆盘中。因此需要命中所有这些纺锤形区域最多需要 $O((r+1)^2)$ 个点（这同定理 6.6 证明中对时间复杂度分析相似，仅用圆盘区域 $\pi(r+1)^2$ 替换方格区域 $(m+1)^2$）。同理可证准单位圆盘图也是监控集有界图。证毕 □

接下来描述算法 6 - 2，它是 MPMSP 在监控集多项式有界图中，不需要几何表示的 PTAS 算法。给定 MPMSP 问题 (G_c, G, E, V, b)，算法按轮执行。算法初始设监控补集的解 S 为空。在每一轮中算法首先从 $V(G[E])$ 中任选一点 v，然后考虑问题 MPMSP 在点 v 的 r 跳邻居图 $\Gamma_r(G_c, v)$ 中归约的子问题。初始设 r 为 1。在图 $\Gamma_r(G_c, v)$ 中归约的子问题的最优监控补集 S_r 能够通过完全枚举获得。然后增加 r 的值为 $r+1$，重复上述过程得到解 S_{r+1}。每一轮执行过程到不等式 $|S_{r+1}| \leqslant (1+\varepsilon)|S_r|$ 成立时结束。此时将 S_{r+1} 并到当前的部分解 H 中，将 $\Gamma_{r-1}(G_c, v)$ 中的顶点和边从 G 中删除，更新问题 (G_c, G, E, V, b)，进入下一轮执行。当受监控边集 E 为空时算法终止。算法 6 - 2 描述了执行步骤的细节，其中符号 r^* 表示为使不等式 $|S_{r+1}| \leqslant (1+\varepsilon)|S_r|$ 成立，r 的最大可能取值。后面证明 r^* 的值为常数。

引理 6.9 给定 MPMSP(G_c, G, E, V, b)，若 G_c 为监控集有界图，则存在常数 c 使得 $r^* \leqslant c$。

算法6 - 2 *MPMSP 问题基于连通性信息的PTAS 算法*

输入：MPMSP (G_c, G, E, V, b)，监控集有界图 G_c 和 $\varepsilon > 0$

输出：$(1+\varepsilon)$ 近似的最小监控补集 S

1：$S := \varnothing$

2：**while** $E \neq \varnothing$ **do**

3：　　任选 $v \in V$

4：　　**for** $r = 1$ 到 r^* **do**

5：　　　分别计算在 $\Gamma_r(G_c, v)$ 和 $\Gamma_{r+1}(G_c, v)$ 中的最小监控补集 S_r 和 S_{r+1}

6：　　　**if** $S_{r+1} \leqslant (1+\varepsilon)S_r$ **then**

7：　　　　**break**

8：　　　**end if**

9：　　**end for**

10：　更新 $S := S \cup S_{r+1}$，$E := E \backslash E(\Gamma_{r-1}(G_c, v))$，$V := V \backslash V(\Gamma_{r-1}(G_c, v))$

11：**end while**

证明：设图 G_c 关于多项式函数 $f(x)$ 是监控集有界的。根据定义 6.6 知，对于图 G_c 中的点 v，在 $\Gamma_r(G_c, v)$ 中归约的子问题实例中，最优的监控补集 $|H_r| \leqslant f(r)$。进一步对于任给的近似常数 ε，有不等式 $|H_r| > (1+\varepsilon)|H_{r-1}| > \cdots > (1+\varepsilon)^{r-1}|H_1|$ 成立。因此 $f(r) > (1+\varepsilon)^{r-1}|H_1| \geqslant (1+\varepsilon)^{r-1}$ 成立。所以 r^* 是集合 $\{r \mid f(r) > (1+\varepsilon)^{r-1}\}$ 的上确界。所以存在关于函数 $f(x)$ 和 ε 的常数 $c(f, \varepsilon)$ 使得 $r^* \leqslant c(f, \varepsilon)$ 成立。证毕□

现在分析算法 6-2 在多项式时间内终止，并实现 MPMSP 最优解的 $(1+\varepsilon)$ 的近似。算法 6-2 最多运行 $n = |V|$ 步，又从引理 6.9 得到每一步的运行时间 $T \leqslant r^* n^{f(r^*)} \leqslant cn^{f(c)}$。所以算法 6-2 的总时间限制在多项式时间 $cn^{f(c)+1}$ 内。

定理 6.10　在监控集多项式有界图中，算法 6-2 是 MPMSP 的 $(1+\varepsilon)$ 近似算法。

证明：设 H_o 是最优解。通过归纳地分析算法的执行，可知 $|H| = |\cup_v H_{r+1}(v)| \leqslant \sum_v |H_{r+1}(v)| = (1+\varepsilon)(\sum_v |H_r(v)|$，同时 $|H_o| \geqslant |(\cup_v H_o(v)) \cap H_o| = |\cup_v (H_o(v)) \cap H_o| = \sum_v |H_o(v) \cap H_o| = \sum_v |H_r(v)|$。所以 $|H| \leqslant (1+\varepsilon)|H_o|$。证毕□

对于权重版的问题 WMPMSP，上面的方法将不再是 PTAS 算法。这是因为给定区域内权重监控补集的解的大小可能不再是有限的。这里讨论一种受限版本的 WMPMSP,即最大与最小权重的比值 $\max(W_p)/\min(W_p)$ 小于一个给定的常数。W_p 表示 V_p 的权重函数。在这样的问题中给定区域的权重监控补集的大小将还是受限的。通过替换解集的大小为解集的权重,不难修改算法 6-1 和算法 6-2 来实现对这种版本的 WMPMSP 问题的 PTAS 近似。

6.4.2 局部化近似算法

大规模的传感器网络通常需要以分布式自组织的方式工作,6.4.1 节中的 PTAS 算法虽然可以转换为分布式算法,但执行起来将较为复杂。本小节提出两个局部化的简单算法来解决 MPMSP 问题,它们是局部极大元算法(LME)和局部对偶可行算法(LDF)。它们都仅基于连通性信息且独立于通信图模型。

算法6-3　LME算法(节点 v 的代码)

输入: MPMSP (G_c,G,E,V,b)
输出: 监控补集 S
1: $S := \varnothing$
2: **while** $\delta(v) > 0$ **do**
3: 　v 同相邻监控集点 $A(v)$ 交换优先级
4: 　**if** v 在 $A(v)$ 中有最高优先级 **then**
5: 　　v 加入到 S 中
6: 　　通知 $E(v)$ 中每条边 e 更新监控数 $\lambda(e) := \lambda(e)+1$
7: 　　**if** $\lambda(e) = b(e)$ **then**
8: 　　　边 e 通知中 $V(e)$ 每个顶点降低它们的监控数
9: 　　　$E := E \backslash e$
10: 　　**end if**
11: 　**end if**
12: 　**if** v 收到来自 $E(v)$ 中边的监控数降低的更新消息 **then**

13：　　　$\delta(v) := \delta(v) - 1$,计算 v 更新的优先级

14：　　**end if**

15：**end while**

本章假设对每条通信链路的自监控需求由使用自监控拓扑的上层协议指定。对于一般功能的连通图 $G \subseteq G_c$,图 G 中每个节点仅需交换它们的一跳邻居列表,就可确定它能监控的链路。因此根据预知的监控需求,低于自监控需求的链路集 E_p 和每条边的监控数 b 也就相应地确定了。所有在 $V(G_c) \backslash V(G)$ 中的节点形成候选的监控节点集 V_p。

在给定图 G_c 和 G 的情况下,下面为简化描述,将 MPMSP 问题 (G_c, G, E, V, b) 简写为 (E, V, b)。两个 V 中的节点如果能监控 E 中相同的边,则称它们互为相邻监控点。所有 V 中与 v 相邻的顶点构成点 v 的相邻监控集,记作 $A(v)$。在定义 6.1 中,定义了顶点 v 的监控度 $\delta(v)$ 和边 e 的受监控度 $\lambda(e)$,这里用 $E(v)$ 指所有能被 v 监控的边集,$V(e)$ 是所有能监控边 e 的顶点的集合。

6.4.2.1　局部极大元算法

给定 MPMSP 问题 (E, V, b),局部极大元算法(LME)从候选节点 V 出发处理该问题。一个候选点如果在相邻监控集中是最优的,则被算法选中。节点的优先级主要取决于它的监控度。更高监控度的节点将有更高的优先级,同时为了打破对称性,算法设节点标识(ID)越大的点有越高的优先级。

LME 按分轮的方式并行执行。每一轮选择所有局部最优的节点,并升级每条边的受监控度和候选的监控节点集。LME 迭代地执行直到成功发现解或者候选监控节点集为空。LME 只需要局部节点间有松散的时钟同步,不需要全局的时间同步。执行的细节详见算法 6 - 3。

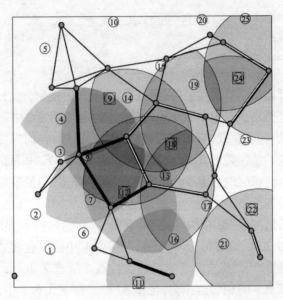

图 6 - 6   LME 算法

图 6 - 6 解释在一单位圆盘图实例中，LME 算法的求解过程。圆圈表示传感器节点，细线指示通信链路，粗线指示不满足 1 - 自监控需求的链路。顶点有更高的监控度意味着落入更多的纺锤形当中。在第一轮，节点 18、22、24 被选定，因为它们在相邻监控集中能监控最多的边，是局部最优的。图 6 - 6 所示时刻 7 条边（用双线标出）被这三个点监控了。注意节点 12 和 18 都能监控相同的边数，但由于 18 号节点有更高的 ID 所以被优先选择。节点 21 和 22 也是这种情况。在第二轮，节点 12 被选择；第三轮，节点 9、11 被选择，同时算法成功终止。因此，此例中 LME 执行 3 轮，得到 6 个点的解，即 9、11、12、18、22、24，如图中标为方块的点。

定理 6.11   LME 算法对一般图中的 MPMSP 问题能够高概率在 $O(\Delta)$ 轮内计算出 $H(\Delta)$ 近似比的解。

在证明定理 6.11 之前，下面先介绍一些相关的术语和必要的引理。给定问题实例 (E, V, b)，已知 V 中每一元素有一个优先级值。下面在 V 上定义如下的严格的偏序关系"$\succ$"。对于 $u, v \in V$，如果 u 的优先级高于 v 且彼此的选择互相降低对方的优先级，那么 $u > v$。关系"$>$"是对称的和传递的。对于 $u, v, w \in V$，如果 $u > v, v > w$ 那么 $v > w$。因此带有严续关系"$>$"的集合 V 形成一个偏序集。显然该偏序集不必是全序的。严续关系"$>$"符号化地表征了 V 中候选节点中直接和间接的依赖关系。本节进一步定义 V 中的顶反链为 V 中所有极大元的集合（点 $u \in V$ 是极大元意味着不存在 $v \in V$ 使得 $v > u$）。

下面介绍引理 6.12。给定 (E, V, b)，本节用 $(E(v), V(v), b(v))$ 表示当节点 $v \in V$ 选进监控补集之后归约的子问题实例。

引理 6.12 给定 (E, V, b)，设 $C_1 = [c_1, c_2, \cdots, c_{k-1}, c_k, c_{k+1}, \cdots, c_N]$ 是 (E, V, b) 的一个贪婪解序列，c_k 是 V 中极大元，那么 $C_2 = [c_1, c_2, \cdots, c_{k-1}, c_{k+1}, \cdots, c_N]$ 是问题 $(E(c_k), V(c_k), b(c_k))$ 的一个贪婪解序列。

证明：对于问题，当选择顶点 $\{c_l \in C_1, l \in [1, i-1]\}$ 并加入解集之后，下面用 $(E_{1,i}, V_{1,i}, b_{1,i})$ 表示归约的问题实例。$P_{1,i}(v)$ 表示顶点 v 在问题 $(E_{1,i}, V_{1,i}, b_{1,i})$ 中的优先级。使用 $(E_{2,i}, V_{2,i}, b_{2,i})$ 表示当选择点集 $\{c_l \in C_2, l \in [1, i-1], l \neq k\}$ 之后，问题 $(E(c_k), V(c_k), b(c_k))$ 的归约的问题，使用 $P_{2,i}(v)$ 表示问题 $(E_{2,i}, V_{2,i}, b_{2,i})$ 中顶点 v 的优先级。

因为 C_1 是 (E, V, b) 的解，则 C_2 是 $(E(c_k), V(c_k), b(c_k))$ 的一个解序列。因此只需证明 C_2 是一个贪婪序列，即证对 c_i，$c_j \in C_2$ 且 $i < j$，则有 $P_{2,i}(c_i) > P_{2,i}(c_j)$。因为 c_k 是 V 中的极大元，所以 c_k 的选择不改变点 c_i 的优先级，$i \in [1, k-1]$。否则，设 $c_t, t \in [1, k-1]$ 是 C_1 中第一个可改变 c_k 优先级的元素，则有 $P_{1,1}(c_t) \geqslant P_{1,t}(c_t) > P_{1,t}(c_k) = P_{1,1}(c_k)$。因此在 V 中 $c_t > c_k$。所以 c_k 将不是 V 中的极大元，矛盾。因此，$P_{2,i}(c_i) = P_{1,i}(c_i)$，$i \in [1, k-$

1]。而且有 $P_{2,i}(c_j) = P_{1,i}(c_j), i \in [k, N], i < j$。注意到 C_1 是 (E, V, b) 的贪婪解序列，所以 $P_{2,i}(c_i) = P_{1,i}(c_i) > P_{1,i}(c_j) = P_{2,i}(c_j), i, j([1, k-1] \cup [k, N], i < j$。证毕□

引理 6.13 设 $C_1 = [c_1, c_2, \cdots, c_{k-1}, c_k, c_{k+1}, \cdots, c_N]$ 是 (E, V, b) 的一贪婪解序列，$T \subseteq C_1$ 是 V 中的顶反链，那么 $C_2 = C_1 \backslash T$ 是 $(E(T), V(T), b(T))$ 的贪婪解序列。

证明：通过迭代的使用引理 6.12 可得。证毕□

定理 6.14 LME 以高概率在 $O(\Delta)$ 轮内结束，并输出同集中式贪婪相同的解。

证明：给定 MPMSP 问题 (E, V, b)，设中心式贪婪解为 C，LME 的解为 D，LME 运行 N 轮。设 R_i 表示 LME 在第 i 轮选的解，因此有 $D = \bigcup_{i=1}^{N} R_i$。设 (E_i, V_i, b_i) 表示选定点集 $\bigcup_{l=1}^{i-1} R_l$ 之后归约的问题实例，C_i 是 (E_i, V_i, b_i) 的贪婪解序列。显然 (E_1, V_1, b_1) 与 (E, V, b) 相同。

第一，证明 R_i 是 V_i 中的顶反链，即证明（1）$\forall r \in R_i, r$ 是 V_i 的极大元，且（2）$\forall s \in V_i$ 如果 s 是 V_i 的极大元，则 $s \in R_i$。因为所有能影响 r 优先级的点一定包含在 $A(r) \cap V_i$ 中，且 r 的优先级是 $A(r) \cap V_i$ 中最高的，所以 r 是偏序集 $(V_i, >)$ 中的极大元。还有 $\forall s \in V_i$ 如果 s 是 V_i 中极大元，就意味着 s 的优先级是 $A(s) \cap V_i$ 中最高的，所以 s 必定被 LME 在第 i 轮选中，即 $s \in R_i$。

第二，证明 $R_i \subseteq C_i$ 且 $C_{i+1} = C_i \backslash R_i$。$\forall r \in R_i$，对于一条能被 r 监控的边，在所有能监控该边的节点中 r 将一直具有最高的优先级，所以中心式贪婪算法必定选择 r 来监控该边，因此 $r \in C_i, R_i \subseteq C_i$。所以由 R_i 是 V_i 中的顶反链和从引理 6.13，得到 $C_i \backslash R_i$ 是 $E_i(R_i) = E_{i+1}$ 的一个贪婪解序列，即 $C_{i+1} = C_i \backslash R_i$。

算法6-4　LDF算法(边 e的代码)

输入：MPMSP (G_c, G, E, V, b)
输出：监控补集 S

```
 1： while  E ≠ ∅  do
 2：    构造边依赖图和极大独立边集 MIES
 3：    if  e 在 MIES 中  then
 4：       if  |V(e)| ≥ b(e) − λ(e)  then
 5：          从 V(e) 中随机选择 b(e) − λ(e) 个顶点 V′
 6：       else
 7：          设 V′ := V(e)，并报告边 e 无法实现期望的监控
 8：       end if
 9：       将 V′ 加入到 S 中
10：       E = E\e;
11：       通知被 V(监控的边更新它们的受监控度
12：    end if
13：    if  e 收到要求增加受监控度的消息   then
14：       λ(e) := λ(e) + 1;
15：    end if
16： end while
```

第三，证明 $D = C$。因为 LME 在 N 轮结束，当 LME 运行到第 N 轮时，问题实例为 (E_N, V_N, b_N)，显然此时 $D_N = R_N = C_N$。因此 $C = C_1 = R_1 \cup C_2 = R_1 \cup R_2 \cup C_3 = \cdots = R_1 \cup \cdots \cup R_{N-1} \cup C_N = R_1 \cup \cdots \cup R_{N-1} \cup D_N = R_1 \cup \cdots \cup R_{N-1} \cup R_N = D$。

最后，证明 N 最多是 $O(\Delta)$ 的。因为 R_i 是 V_i 中一顶反链，有 $\forall r_{i+1} \in R_{i+1}$，$\exists r_i \in R_i$ 使得在 V_i 中 $r_{i+1} > r_i$。我们称 r_i 是 r_{i+1} 的紧邻上层节点。设 $\delta_i(r)$ 表示在第 i 轮 r 的最大监控度，那么 $\delta_{i+1}(r_{i+1}) \leq \delta_i(r_{i+1}) \leq \delta_i(r_i)$。如果任意选择点 $r_N \in R_N$，然后选择 r_N 的紧邻上层点 r_{N-1}，类似迭代地选择紧邻上层点，则得到序列 r_N，r_{N-1}, r_{N-2}, $\cdots$, r_1。那么可得到不等式：$1 \leq \delta_N(r_N) \leq \cdots \leq \delta_i(r_i) \leq \cdots \leq \delta_1(r_1) \leq \Delta$。设等式序列中连续取得等号的最长次数为 L，则

有 $N \leqslant \Delta L$。如果假设节点是随机部署且节点 ID 也是随机分布，则 L 的期望长度为 $O(1)$。证毕□

因为序列贪婪算法的近似比 $H(\Delta)$ 从定理 6.4 可得，所以从定理 6.14 易得定理 6.11 成立。定理 6.11 中的 $H(\Delta)$ 是渐进可达的，最坏情况的问题实例能够通过适当的修改文献[196]定理 5 的证明得到。

Liang 等人也观察到本书证明的部分结果，但是他们的证明基于直觉的推理，并不严格[197]。实际上，他们的主要结论等价于定理 6.14 证明中第二步对于 $R_i \subseteq C_i$ 的证明，本节的证明方法更全面且具一般性。

6.4.2.2　局部对偶可行算法

LDF 算法不同于 LME。LME 从监控点的角度考虑问题，而 LDF 从受监控的边出发来处理问题。在 LDF 中一个重要的步骤是构造边依赖图。给定问题 (E, V, b)，边依赖图 G_e 按如下方式构造。$V(G_e)$ 中的顶点一一相应于 E 中的边，$V(G_e)$ 中两个顶点 u 和 v 间存在边，当且仅当 E 中对应于 u 和 v 的两条边可被 V 中同一点监控。

LDF 按轮分布式执行。每一轮包含四步。设 (E', V', b') 指示当前轮中归约的问题实例。第一步，构造 (E', V', b') 导出的边依赖图。第二步，分布式计算边依赖图的极大独立集（MIS）。注意到边依赖图中的每个顶点一一对应于问题实例 E' 中的一条边，因此该极大独立集相应地就对应 E' 的一个子集。我们称该边子集为 E' 的极大独立边集（MIES）。第三，对第二步构造的 MIES 中每条边 e，根据当前问题对边 e 的监控需求数 $b'(e)$，从 V' 中选择 $b'(e)$ 个点。第四，E' 中每条边根据新选择的节点更新它的受监控度。同时更新 E'、V' 和 b'。当边集 E' 为空时，LDF 算法终止。LDF 的执行步骤详见算法 6-4。

　　下面用图 6 - 7 所示的例子解释 LDF 算法的执行过程。该例子中的问题与图 6 - 6 中用来解释 LME 的问题相同,目标是实现 1 - 自监控。在 LDF 算法中,第一轮,大小为 6 的 MEIS 边集被计算出来,如图中双线所示。对于每条边 LDF 随机地选择一个可监控它的点。顶点 4,12,16,19,21,24 被选中。经过这一轮以后,只有一条边低于 1 - 自监控需求,进而在第二轮的时候,节点 14 被选中,算法终止。LDF 运行两轮,得到解集大小为 7 的监控补集。

　　下面分析 LDF 算法的近似比和时间复杂度。设 T_M 表示在一轮中构造 MIS 的最大时间。

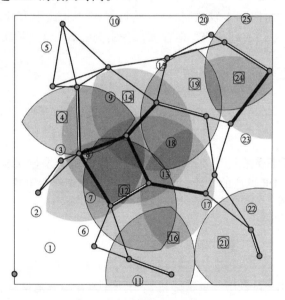

图 6 - 7　LDF 算法

　　定理 6.15　　LDF 算法在 $O((\Lambda + 1) T_M)$ 时间内对 MPMSP 问题提供了 Λ - 近似比的解。

　　证明:近似比可以直接从集合多覆盖问题得到[195]。这里主要讨论时间复杂度,即确定经过多少轮边依赖图为空。下面证明

若 v 为边依赖图中的一点,其度为 $d(v)$,则点 v 在 $d(v)+1$ 轮内必定被选入独立集。若在一轮中点 v 没有被选入独立集中,那么意味着至少有一个它的邻居点被选入独立集中。所以即使 v 在其所有邻居之后才被选中,那么 v 最多在第 $d(v)+1$ 轮被选择。边依赖图的最大度为 Λ,因此,LDF 最多在 $\Lambda+1$ 轮结束。证毕□

需要指出的是虽然 LME 和 LDF 在近似比和运行时间上显著不同,但从实际的运行效果上来讲,这两个算法关于近似比和运行时间具有一定的互补性。不难检验对 LME 的最坏情形 LDF 执行得非常好,反之亦然。当最大受监控度 Λ 较小时(比如 $\Lambda=2$ 或 3)而最大监控度 Δ 较大时,LDF 的近似比 Λ 相比于 LME 的对数近似比 $H(\Delta)$ 有些优势。但在大部分实例中 $H(\Delta)$ 通常比 Λ 更有优势。

6.5   性能评估

本节首先在随机部署的网络中进行大量的模拟实验来检验 LME 和 LDF 算法的性能,然后讨论与自监控拓扑相关的一些实际应用问题。

6.5.1   定量评测

在评测过程中节点被随机均匀地部署在一方形区域,节点有相同的传输半径。每个实验结果取 100 次独立实验的平均值。

6.5.1.1   随机拓扑的自监控能力

首先检验随机网络的自监控能力。主要考察边的受监控度与拓扑密度的关系。工作拓扑密度(TD)定义为在当前网络中节点平均的活跃邻居数。本实验部署 400 个节点作为活跃节点。通过改变通信半径来改变工作拓扑密度,TD 从 5 变化到 10。在本组实验中所有节点均被激活,所以平均节点度就是 TD。图 6 - 8 显示了网络自监控能力与 TD 的关系。纵坐标是边受监控度的累计概率分布函数（CDF）。可见随着 TD 的增加,网络中的边的受监控度也相应的增加。比如当 TD 为 5 时,80% 的边的受监控度小于等于 1.5,但当 TD 为 9 时,80% 的边受监控度小于等于 4.0。这说明对于给定的自监控度需求,拓扑密度越高意味着需要对越少的边增加监控节点,反之亦然。这符合我们的直觉。但需要指出的是拓扑密度高并不必然保证网络的自监控能力。不难构造反例来说明这一点。

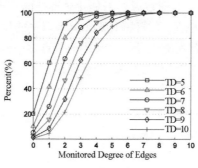

图 6 - 8　LME 算法

6.5.1.2　比较 LME 和 LDF

这组实验部署两类节点:活跃节点与睡眠节点,这与 6.5.1 节的情况不同。为了便于调整工作拓扑密度和候选睡眠节点的数量,分两步来生成网络。第一步,首先根据给定的 TD 随机部署节点构造活跃的工作拓扑;第二步在相同的区域内再增加睡眠节点,同时通过工作节点比例（WR）这一参数控制睡眠节点的数量。WR 是活跃节点的数量与全部节点数量的比值。例如 WR = 2 时,工作节点和睡眠节点的比例是 1 比 1。本书默认设活跃工作拓扑包含 100 个节点,WR 为 6。另外两个重要的参数是监控数(MN)和监控补集的大小(patching set size)。监控补集大小定义为算法选择的睡眠节点的数量与初始活跃节点的数量的比值。

表 6 - 1　监控补集大小和比率

	Optimal	LME	LDF	RIS
Patching set size	0.6760	0.7196	0.8508	2.1110
Ratio	1.0000	1.0645	1.2586	3.1229

　　实验将 LME 和 LDF 的解与最优解和随机解比较。最优解是通过 MATLAB 0 - 1 整数规划工具计算得到的。用来比较的随机算法称作随机独立选择算法(RIS)。RIS 算法的执行方式如下:对每条待监控边,从所有能监控这条边的节点集中,随机地选取期望数量的监控节点,对每条边同时和独立地进行监控点选择,然后将选择的点加到监控补集中。

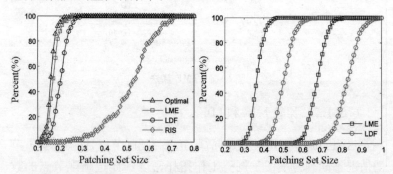

图 6 - 9　不同算法的监控补集　图 6 - 10　LME 和 LDF 算法的详细比较

　　图 6 - 9 是对这四个算法模拟产生解集的 CDF 输出,参数设置为 TD = 8,MN = 4,WR = 5。从结果可以看出,就监控补集的大小而论,LME 和 LDF 的解都非常接近最优解。这也说明 LME 和

LDF 的实际性能比理论最坏的结果要好很多。随机算法 RIS 表现最差,这说明有必要设计算法对监控节点进行优化选择。表 6 - 1 总结了每种算法解的大小与最优解的倍数关系。RIS 算法的解是最优解的 3 倍多,而 LME 和 LDF 都非常接近 1。

图 6 - 10 进一步显示当改变 TD 和 MN 时,LME 和 LDF 的结果。左边两条线指示当 TD = 6, MN = 2 时的结果;右边两条线指示 TD = 8, MN = 4 时的结果。在这两种情况下,LME 都比 LDF 生成更好的结果。在本书的实验中大多情况下,LME 的结果都优于 LDF,但并不是总是。

6.5.1.3　拓扑密度和监控数的影响

从图 6 - 8 知网络拓扑的自监控能力随着 TD 而改变,因此监控补集的大小将受 TD 的影响,所以这组实验进一步检验监控补集随 TD 的变化趋势。图 6 - 11 和 6 - 12 显示当 MN 取 1 到 6,TD 从 5 变化到 10 时的结果,同时标出每个数据点 95% 的置信区间值。从这两幅图能够看出 LME 与 LDF 输出的监控补集都随着 TD 的增加而减小。这符合直观的判断。因为 TD 越高,则监控度不足的边就越少,同时相同数量的节点能监控边也更多了。进一步观察可见随着 TD 的增加,LME 和 LDF 之间的差距逐渐减小。我们分析这主要是因为随着 TD 的增加,需要监控的边减少了,从而许多孤立的边和小的连通分支出现,这使问题可优化的解空间相应地变小。对于孤立的边,两个算法倾向于输出接近的解。

下面考察监控补集和监控数的关系,如图 6 - 13 和 6 - 14 所示。可以看到当 MN ≥ 3 时,LME 和 LDF 的输出几乎随着 MN 线性增长;但 MN 为 1 到 2 时,增长的比较慢,特别是当 TD 值相对比较高(TD ≥ 9)的时候。这是由于当 TD 较高时,仅有一小部分边(小于 10%)的自监控度小于 2,但是大部分边(大约 80% 以上)受监控度小于等于 4,如图 6 - 8 示。此外从图 6 - 13 和 6 - 14 可以看

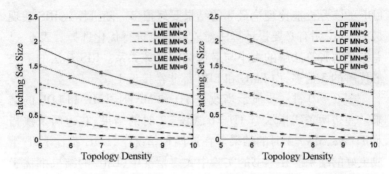

图 6 – 11　监控补集 vs. 拓扑密度,LME　图 6 – 12　监控补集 vs. 拓扑密度,LDF

出,为了实现 2 – 自监控拓扑,仅需要增加较小的监控补集,特别是当 TD 相对较高时。

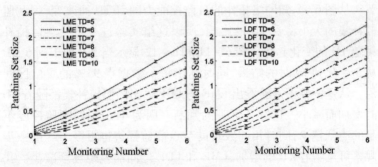

图 6 – 13　监控补集 vs. 监控数,LME　图 6 – 14　监控补集 vs. 监控数,LDF

6.5.1.4　时间复杂度

这组实验以同步的方式模拟 LME 和 LDF 的时间复杂度。实验对于 LDF 中 MIS 的分布式构造使用了简单的分布式贪婪方法,即给每条受监控的边一个不同的 ID,具有极大 ID 的点先加入 MIS 中。如图 6 – 15 和 6 – 16 所示,可以看出 LME 和 LDF 的运行轮数随着监控数增加而增加。这是因为当监控数增加时,有更多的边需要被监控。但是随着 MN 和 TD 的增加,LME 和 LDF 的变化模式却显著不同。LME 一直随着 TD 的增加而减小,而随着 MN 增加而增加。但 LDF 却是当 MN 较大时随着 TD 的增加而增加。这主要是因为当 TD 增加时,构造的边依赖图的节点的平均度显著的增加了,因此每一轮得到的 MIS 变减小,从而使 LDF 的运行轮数增加。

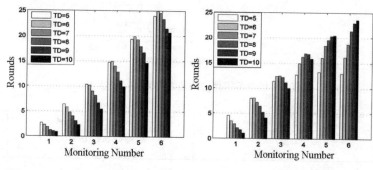

图 6 – 15　轮数 vs. 监控数,LME　　　　图 6 – 16　轮数 vs. 监控数,LDF

6.5.1.5　扩展的连通模型

在前面的模拟都是基于单位圆盘图模型的。本章的算法仅依赖于连通关系,所以它们的执行并不局限于单位圆盘图模型。为了检验算法在更广的通信模型中的有效性,这组实验在 ρ 准单位圆盘图(QUDG)模型中测试 LME 和 LDF,同时变化参数 ρ。

同样是对比 LME、LDF、RIS 这三个算法。图 6 – 17 是当 0.5 – QUDG、TD = 5、MN = 2、WR = 5 时,监控集的 CDF 图。可见 LME 的解在准单位圆盘图模型下还是很接近最优解的。实验进一步改变 TD、QUDG 和 MN 的值得到更多的结果,如图 6 – 18 和 6 – 19 所示。图中纵坐标是 LME、LDF 和 RIS 与最优解的比值。从这些结果可以看出,LME 和 LDF 在扩展的准单位圆盘图模型中依然有很好的执行效果。

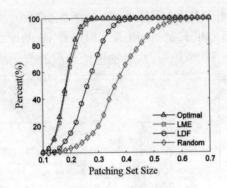

图 6 - 17　不同算法的监控补集, 0.5 - QUDG

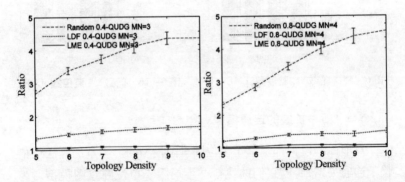

图 6 - 18　监控补集 vs. 拓扑密度,　图 6 - 19　监控补集 vs. 拓扑密度,
　　　　0.4 - QUDG　　　　　　　　　　　　0.8 - QUDG

6.5.1.6　算法的可扩展性

实验进一步改变网络中节点的数目来测试算法的可扩展性。
图 6 - 20 和 6 - 21 显示当 TD = 8、MN = 4、WR = 6,网络中总节点
数从 600 到 15000 时,监控补集和算法运行时间随网络规模的变
化。可以看到,当网络规模变大时,两个算法表现出很好的可扩
展性。

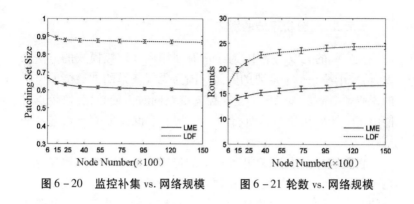

图 6 – 20　监控补集 vs. 网络规模　　图 6 – 21　轮数 vs. 网络规模

6.5.2　讨　论

下面讨论与自监控拓扑相关的一些实际问题,主要包括能耗、干涉、安全、动态维护等。

6.5.2.1　讨论能耗问题

连续监控的每个节点可能引起较高的能耗开销。对于能量受限的传感器网络,在实际的执行中[106, 173, 185],自监控可能需要和其他的节能策略联合执行。比如调度和自适应的值守周期使每个节点以固定或随机的周期调度自身进入监控状态。当网络处于较低的安全预警时,每个节点处于监控的时间可能比较短,但当网络有更高的安全需求时,更多的节点执行监控操作。节点也可能被使用自监控机制的上层协议按需调度,仅当受监控的链路有传输时,监控节点才执行监控行为[185]。自监控拓扑能够根据不同的需求而裁定,从而为其他使用自监控技术的机制提供基本拓扑保障,且在实际中灵活执行。

6.5.2.2 分析干涉的影响

在实际的无线网络中,对于所有使用局部监控模式的方法来说,信号干涉是一个重要的因素。因为无线信道的冲突会使监听的误码率提高。如果多个受监控的链路同时传输数据,监控点可能由于干涉无法执行监听行为。因此干涉也会影响节点选择的策略。

在算法的设计上,有几种可能的途径来处理干涉。比如评估每个节点受干扰的等级,并在预处理阶段排除那些干扰级别比较高的节点,只有干扰级别比较低的节点作为候选节点。要消除干涉的影响是困难的。但干扰也具有一定的随机性,节点的干扰强度往往随着时间和数据传输而改变。在一段时间内受到干扰的节点在另一段时间可能很好地执行监控任务。

当前使用局部监控的研究[106, 173, 185]并不强调要消除干涉,而更侧重于容忍干涉和随机失效。比如监控节点将一段时间内某传输链路上的包缓存起来。监控节点基于某些规则分析缓存包来生成警报消息。同时关于可疑节点的警报消息也是随时间累计的。在隔离和排除可能的恶意节点之前,需要综合多个监控节点的报告。这样的方法缓解了由于干涉和不稳定信道等因素对局部监控模式的影响。

6.5.2.3 安全

监控补集节点的选择本身应该要能够抵御一定的恶意攻击。需要指出的是完全消除选择恶意节点作为监控节点是不可能的。我们的目标应是尽量使恶意节点没有过高的概率被选为监控节点。关键的问题是如何验证节点的监控度。这可能需要通过密码学机制验证节点间的邻居关系。本章主要从算法的角度研究自监控的节点调度。安全因素能作为一个附加的约束来适当对算法进行调整。比如在名誉系统中[172, 178, 180]，每个节点会被评估和赋予一个信任值，该信任值就可以选为节点的权重。节点有更高的信任值，将获得更大的权重并将有更大的机会被选择。之前提到，自监控优化问题能够扩展为节点含权重的情况，所以可以考虑增加信任值或其他的安全相关的指标来扩展本文提出的算法。

6.5.2.4　动态维护

本章假设网络中的活跃节点在多数时间下是不改变的。但网络拓扑生成之后，活跃的节点集可能由于节点失效等原因而改变。自监控拓扑也需要相应的更新。如果没有大的拓扑变更，则可能仅需按预设的时间点对自监控拓扑进行周期性的更新。如果网络拓扑有重大改变，则可以执行按需的升级策略。因为我们设计了完全分布式的算法，升级操作只需要在拓扑发生改变的地方局部执行。

6.6　小　结

面向局部监控模式对网络连通拓扑提出的需求，本章研究了构建整合自监控能力的连通拓扑结构。本章对自监控拓扑问题的进行了形式化的描述，并从多方面对问题的计算复杂度进行了分析，分析了该问题的 NP 完全性和可实现近似比的理论上界，设计了基于连通性信息的 PTAS 近似算法和简单有效的分布式算法，并通过大量的模拟实验验证了算法的有效性。

第七章 结束语

本章对全书进行总结,并对进一步研究工作进行展望。

7.1 工作总结

拓扑识别与构建是传感器网络研究中的重要问题。传感器网络对信息的采集、处理和传输都需要有效组织的拓扑结构作为基本保障。现有的拓扑问题研究大部分假设已知节点精确位置信息。获取准确的位置信息在大规模传感器网络中非常困难。对位置信息的严格依赖很大程度上限制了这些方法的实际可用性。不依赖位置信息的拓扑技术可极大提高网络系统在位置信息无法获取或部分可用情况下的有效性,成为近年来拓扑问题的热点研究方向。本书以提高方法的可用性和效能为目标,针对已有工作不足之处,系统地研究了不依赖于位置信息的拓扑识别与构建中的一些重要问题。在拓扑识别部分,本书致力于从网络连通信息中挖掘网络的几何和拓扑特征:首先研究了低维拓扑特征的识别,提出细粒度的边界识别算法;然后提出基于识别高维拓扑特征的虫洞检测算法。在拓扑构建部分,本书设计了基于连通性信息的覆盖和连通拓扑结构。具体来讲,本书主要对以下几个重要问题进行了深入研究。

第一,不依赖位置信息的细粒度边界识别。边界识别是传感器网络拓扑识别的核心问题。现有的不依赖位置信息的方法从识别质量来讲都是粗粒度方法。粗粒度方法不能实现包括网络中洞的位置和准确数目等边界识别问题所关心的许多重要目标。本书对网络边界进行了形式化的定义,首次提出基于连通性信息、细粒度、分布式边界算法。分析了算法的正确性,并通过大量的模拟实验验证了算法的有效性。

第二,不依赖位置信息的虫洞拓扑识别。识别由攻击造成的拓扑异常也是拓扑识别的重要研究内容。虫洞攻击是无线自组织与传感器网络对网络拓扑产生严重影响的攻击,围绕虫洞攻击的攻防问题一直是非常活跃的研究领域。总体来讲,现存的虫洞检测方法都需要依赖于专业的硬件设备或对于网络设定较强的假设条件(比如装备GPS、定向天线、专门的无线信号收发模块、全网时间精确同步的严格假设、特制的警卫节点假设、安全的初始环境假设等)来识别虫洞攻击的某种网络症状。对专用硬件的依赖和较强网络假设制约了这些方法在资源受限的传感器网络中的适用性。在资源受限的自组织传感器网络中寻找理想的虫洞症状,并基于此设计不依赖强假设的检测方法是当前虫洞研究面临的重大挑战。通过分析虫洞对网络拓扑产生的本质影响,设计出有效的算法捕捉虫洞导致的拓扑异常现象,并通过追踪这些异常现象的根源定位虫洞。本书的方法仅利用网络连通性信息,可分布式执行,且不需要任何特殊的硬件设备,也不需要节点位置的已知性、网络时间的同步、单位圆盘图通信模型或是专门的警卫节点等之前方法所需的额外假设条件。

第三,不依赖位置信息的覆盖拓扑构建。基于边界识别得到的网络边界,本书研究了调度网络内部节点构建面向覆盖应用的拓扑结构。覆盖拓扑构建是传感器网络拓扑构建中的重要问题。为实现确定性保证的区域覆盖,已有的覆盖方法通常需要依赖位

置信息或测距信息;少数仅基于连通性的方法则存在需要集中式
计算和覆盖粒度不可调等严重限制。首次提出仅利用连通性信
息、覆盖粒度可配置、分布式的覆盖模式。建立了不依赖位置信息
覆盖问题的图理论框架,设计了基于环分割技术的覆盖判定准则,
提出了基于连通性信息的分布式稀疏覆盖集调度算法。本算法能
够充分利用节点不同的感知能力或根据不同应用的覆盖需求调整
覆盖粒度,实现不同的覆盖质量。通过理论分析证明了方法的正
确性,并通过大量的模拟实验检验了方法的有效性。

第四,不依赖位置信息的自监控扑构建。本书研究面向新的
应用需求的拓扑构建问题。致力于设计具有局部控能力的拓扑结
构,使网络中每条通信链路都能够被网络中一些点所监控。首次
形式化地建模自监控拓扑问题,证明即使在有几何表出的单位盘
图模型中,构造最优的自监控拓扑也是 NP 完全的,并在不同的图
模型下对问题的理论可近似性进行了深入分析。提出监控集受限
图模型,并基于该模型设计出不依赖位置信息的多项式时间近似
模式(PTAS)的算法及有近似比和时间复杂度保证的局部化算法。
通过广泛的模拟实验验证了这些分布式算法的有效性。

7.2　研究展望

虽然本书在传感器网络的拓扑识别与构建方面取得了一定的
研究成果,但由于问题本身的复杂性,该领域还存在许多问题需要
进一步的研究。在研究的基础上,需要进一步研究的课题包括:

第一,灵活的细粒度边界识别算法设计。这样做虽然实现了
最细粒度的空洞识别,但空洞的规模是不可调节的,算法实现的代
价也过高。实际应用更需要能够灵活定制识别空洞的规模,比如
识别大于给定门限值以上规模的网络空洞。因此如何扩展已有的

拓扑边界定义,设计有效的空洞粒度可调的边界识别算法,设计仅依赖局部信息的细粒度边界识别算法,或是在计算复杂度和识别粒度间建立合适的折衷,是未来值得研究的重要工作。这方面可以借鉴本书提出的不依赖信息生成无冗余覆盖集的构造工具和方法。

第二,离散域的虫洞识别算法设计。本书设计的虫洞识别算法是从连续域出发,在连续域进行算法设计,并将网络视为其所部署区域的离散采样,从而将连续域中的性质对应到离散网络中,设计离散域的检测算法。其主要思想是将传感器节点视为其部署区域的稠密采样,将网络连通图视为 0 亏格的流形曲面,进而分析虫洞的出现不可避免地导致网络拓扑的亏格数增大或具有奇异性。但由于连续域与离散域间的巨大差异,网络部署区域所具有的连续域性质和方法应用到离散的网络图中仍有很大的局限性,比如,该方法需要复杂的计算代价,对于短距离虫洞识别能力受限,且对网络密度有较高的要求等。如何直接在离散域中分析虫洞的有效识别症状,同时设计适用于稀疏网络和短距离虫洞的分布式检测虫洞机制,是未来值得研究的挑战性问题。

第三,不依赖位置信息的低失真平面拓扑问题。构建平面拓扑结构是传感器网络拓扑构建中的重要问题。良好平面化的网络能够较好地反映网络的拓扑与几何属性,能够被网络协议设计有效地利用,降低协议设计的复杂度,是许多高效网络协议设计的基础,比如著名的几何路由协议等。鉴于平面化问题的重要性和节点位置信息获取的困难性,近年来,国际上很多研究者对不依赖位置信息的平面化问题展开了大量的研究工作。如何利用连通信息抽取有确定性保证的低失真平面化连通拓扑结构,即平面化拓扑包含尽可能多的有效边,使得节点间的跳数距离在平面化前后改变较小,是当前平面拓扑构建问题研究面临的重大挑战。

第四,实用化的自监控拓扑设计。本书从算法设计的角度出发,致力于设计有近似比保证的自监控拓扑构建算法。未来自监控拓扑研究朝实用化的方向发展,将涉及如下几方面的工作。首先,设计安全的节点选择协议限制恶意节点加入到监控节点集中。因为确定式的节点选择策略可能让敌手确定性的攻击某些监控节点,所以如何在节点选择过程中增加有效的随机性是未来值得研究的问题。其次,通过实验部署研究实际无线环境中,数据通信特征和无线干涉对监控策略和监控节点选择的影响,也是未来值得研究的问题。

参考文献

[1] Ilyas M, Mahgoub I. Handbook of sensor networks: Compact wireless and wired sensing systems[M]. CRC Press, 2005.

[2] 孙利民, 李建中, 陈渝, 等. 无线传感器网络[M]. 北京: 清华大学出版社, 2005.

[3] http://bwrc. eecs. berkeley. edu.

[4] http://bwrc. eecs. berkeley. edu/Research/Pico _ Radio/ Default. htm.

[5] http://nms. csail. mit. edu/.

[6] http://www-mtl. mit. edu/researchgroups/icsystems/uamps/.

[7] http://wsnl. stanford. edu/.

[8] http://sing. stanford. edu/.

[9] http://www. ece. cmu. edu/firefly/.

[10] http://fiji. eecs. harvard. edu/.

[11] http://osl. cs. uiuc. edu/.

[12] http://research. cens. ucla. edu/.

[13] http://anrg. usc. edu/.

[14] http://www. eng. yale. edu/enalab/.

[15] http://www-users. cs. umn. edu/ ~ tianhe/MESS/.

[16] http://www. ece. gatech. edu/research/labs/bwn/WMSN/.

[17] https://engineering. purdue. edu/IDEAS/.

[18] http://cast. cse. ohio-state. edu/exscal/.

[19] http://www. wings. cs. sunysb. edu/.

[20] http://www. eyes. eu. org/.

[21] http://www. dcg. ethz. ch/.

[22] http://www. zurich. ibm. com/sys/communication/sensors. html.

[23] http://www. intel. com/research/exploratory/wireless_sensors. htm.

[24] http://research. microsoft. com/en-us/groups/nec/.

[25] 崔莉, 鞠海玲, 苗勇. 无线传感器网络研究进展[J]. 计算机研究与发展, 2005, 42(1): 163 – 174.

[26] 李建中, 李金宝, 石胜飞. 传感器网络及其数据管理的概念、问题与进展[J]. 软件学报, 2003, 14(10): 1717 – 1727.

[27] 任丰原, 黄海宁, 林闯. 无线传感器网络[J]. 软件学报, 2003, 14(7): 1282 – 1291.

[28] Cai Y, Lou W, Li M, Li X Y. Target-oriented scheduling in directional sensor networks[C]. Proc. of IEEE INFOCOM, 2007.

[29] 刘永强, 严伟, 代亚非. 一种无线网络路径容量分析模型[J]. 软件学报, 2005, 17(4): 854 – 859.

[30] Wu X, Chen G, Das S. On the energy hole problem of nonuniform node distribution in wireless sensor networks[C]. Proc. of IEEE MASS, 2006.

[31] 蒋杰. 无线传感器网络覆盖控制研究[D]. 国防科学技术大学, 2005.

[32] Zheng Z, Wu Z, Lin H, et al. Wdm: An energy-efficient multi-hop routing algorithm for wireless sensor networks[C]. Proc. of International Conference on Computational Science

2005.

[33] 沈波, 张世永, 钟亦平. 无线传感器网络分簇路由协议 [J]. 软件学报, 2006, 1(7): 1588 – 1600.

[34] 林亚平, 王雷, 陈宇. 传感器网络中一种分布式数据汇聚层次路由算法 [J]. 电子学报, 2004, 32 (11): 1801 – 1805.

[35] 马华东, 陶丹. 多媒体传感器网络及其研究进展 [J]. 软件学报, 2006, 17(9): 2013 – 2028.

[36] 任彦, 张思东, 张宏科. 无线传感器网络中覆盖控制理论与算法 [J]. 软件学报, 2006, 17(3): 422 – 433.

[37] http://www. xbow. com/.

[38] Polastre J, Szewczyk R, Culler D. Telos: Enabling ultra-low power wireless research[C]. Proc. of ACM IPSN, 2005.

[39] http://www. intel. com/research/exploratory/motes. htm.

[40] Hilton P J, Wylie S. Homology theory: An introduction to algebraic topology[M]. Cambridge University Press, 1965.

[41] http://nesl. ee. ucla. edu/projects/sos/.

[42] http://www. easinet. cn/cn/products. htm.

[43] http://eagle. zju. edu. cn/home/eos/senspire.

[44] Champetier C. On the null-homotopy of graphs[J]. Discrete Mathematics, 1987, 64: 97 – 98.

[45] Chiba N, Nishizeki T, S Abe, et al. A linear algorithm for embedding planar graphs using pq-trees [J]. Journal of Computer and System Sciences, 1985, 30(1): 54 – 76.

[46] Polastre J R, Culler D. Design and implementation of wireless sensor networks for habitat monitoring [M]. University of California at Berkeley, 2003.

[47] http://www. alertsystems. org/.

[48] http://www.cs.berkeley.edu/~binetude/ggb/.

[49] Martinez K, Basford P, Ellul J, Clarke R. Field deployment of low power high performance nodes [C]. Proc. of 3rd International Workshop on Sensor Networks, 2010.

[50] Xu N, Rangwala S, Chintalapudi K K, et al. A wireless sensor network for structural monitoring [C]. Proc. of ACM SenSys, 2004.

[51] Stoianov I, Nachman L, Madden S, et al. Pipenet: A wireless sensor network for pipeline monitoring [C]. Proc. of ACM/IEEE IPSN, 2007.

[52] Musaloiu R E, Terzis A, Szlavecz K, et al. Life under your feet: A wireless soil ecology sensor network [C]. Proc. of IEEE Workshop on Embedded Networked Sensors, 2006.

[53] Liu K, Li M, Liu Y, et al. Passive diagnosis for wireless sensor networks [C]. Proc. of ACM SenSys, 2008.

[54] Mo L, He Y, Liu Y, et al. Canopy closure estimates with greenorbs: Sustainable sensing in the forest [C]. Proc. of ACM SenSys, 2009.

[55] Burrell J, Brooke T, Beckwith R, et al. Vineyard computing: Sensor networks in agricultural production [J]. IEEE Pervasive computing, 2004, 3(1): 38 -45.

[56] Rao A, Ratnasamy S, Papadimitriou C, et al. Geographic routing without location information [C]. Proc. of ACM MobiCom, 2003.

[57] Fang Q, Gao J, Guibas L J. Locating and bypassing holes in sensor networks [C]. Proc. of IEEE INFOCOM, 2004.

[58] Bruck J, Gao J, Jiang A A. Map: Medial axis based geometric routing in sensor networks [C]. Proc. of ACM

MobiCom, 2005.

[59] WangY, Gao J, Mitchell J S. Boundary recognition in sensor networks by topological methods [C]. Proc. of ACM MobiCom, 2006.

[60] Subramanian S, Shakkottai S, Gupta P. On optimal geographic routing in wireless networks with holes and non-uniform traffic[C]. Proc. of IEEE INFOCOM, 2007.

[61] Zeng W, Sarkar R, Luo F, et al. Resilient routing for sensor networks using hyperbolic embedding of universal covering space[C]. Proc. of IEEE INFOCOM, 2010.

[62] Gupta H, Das S R, Gu Q. Connected sensor cover: Self-organization of sensor networks for efficient query execution [C]. Proc. of ACM MobiHoc, 2003.

[63] Ghrist R, Muhammad A. Coverage and hole-detection in sensor networks via homology [C]. Proc. of ACM/IEEE IPSN, 2005.

[64] Liu B, Brass P, Dousse O, et al. Mobility improves coverage of sensor networks[C]. Proc. of ACM MobiHoc, 2005.

[65] Bai X, Kumar S, Xuan D, et al. Deploying wireless sensors to achieve both coverage and connectivity[C]. Proc. of ACM MobiHoc, 2006.

[66] Bejerano Y. Simple and efficient k-coverage verification without location information [C]. Proc. of IEEE INFOCOM, 2008.

[67] Kasbekar G S, Bejerano Y, Sarkar S. Lifetime and coverage guarantees through distributed coordinate-free sensor activation [C]. Proc. of ACM MobiCom, 2009.

[68] Li M, Liu Y. Rendered path: Range-free localization in

anisotropic sensor networks with holes [C]. Proc. of ACM MobiCom, 2007.

[69] Lederer S, Wang Y, Gao J. Connectivity-based localization of large scale sensor networks with complex shape[C]. Proc. of IEEE INFOCOM, 2008.

[70] Tahbaz- Salehi A, Jadbabaie A. Distributed coverage verification in sensor networks without location information [C]. Proc. of IEEE CDC, 2008.

[71] Zhu X, Sarkar R, Gao J, et al. Light-weight contour tracking in wireless sensor networks [C]. Proc. of IEEE INFOCOM, 2008.

[72] Zhu X, Sarkar R, Gao J. Shape segmentation and applications in sensor networks [C]. Proc. of IEEE INFOCOM, 2007.

[73] Shrivastava N, Suri S, Toth C D. Detecting cuts in sensor networks[C]. Proc. of ACM/IEEE IPSN, 2005.

[74] Wood A D, Stankovic J A, Son S H. Jam: A jammed-area mapping service for sensor networks [C]. Proc. of IEEE RTSS, 2003.

[75] Wang W, Bhargava B. Visualization of wormholes in sensor networks[C]. Proc. of ACM WiSe, 2004.

[76] Beutel J. Location management in wireless sensor networks [M]. Handbook of sensor networks: Compact wireless and wired sensing systems, CRC Press, 2005.

[77] 王福豹, 史龙, 任丰原. 无线传感器网络中的自身定位系统和算法[J]. 软件学报, 2005, 16(5): 857-868.

[78] Eren T, Goldenberg D K, Whiteley W, et al. Rigidity, computation, and randomization in network localization[C].

Proc. of IEEE INFOCOM, 2004.

[79] Aspnes J, Eren T, Goldenberg D K, et al. A theory of network localization [J]. IEEE Transactions on Mobile Computing, 2006, 5(12): 1 – 15.

[80] Breu H, Kirkpatrick D G. Unit disk graph recognition is np-hard[J]. Computational Geometry: Theory and Applications, 1998, 9(1 – 2): 3 – 24.

[81] V. de Silva, Ghrist R. Coordinate-free coverage in sensor networks with controlled boundaries via homology [J]. International Journal of Robotics Research, 2006, 25 (12): 1205 – 1222.

[82] Funke S. Topological hole detection in wireless sensor networks and its applications [C]. Proc. of ACM DIALM-POMC, 2005.

[83] Funke S, Klein C. Hole detection or:" How much geometry hides in connectivity?" [C]. Proc. of ACM SoCG, 2006.

[84] Kroller A, Fekete S P, Pfisterer D, et al. Deterministic boundary recognition and topology extraction for large sensor networks[C]. Proc. of ACM-SIAM SODA, 2006.

[85] Saukh O, Sauter R, Gauger M, et al. On boundary recognition without location information in wireless sensor networks[C]. Proc. of ACM/IEEE IPSN, 2008.

[86] Papadimitratos P, Haas Z J. Secure routing for mobile ad hoc networks[C]. Proc. of SCS CNDS, 2005.

[87] Sanzgiri K, Dahill B, Levine B, et al. A secure routing protocol for ad hoc networks [C]. Proc. of IEEE ICNP, 2002.

[88] Hu Y C, Perrig A, Johnson D. Packet leashes: A defense

against wormhole attacks in wireless networks[C]. Proc. of IEEE INFOCOM, 2003.

[89] Clark B N, Colbourn C J, Johnson D S. Unit disk graphs [J]. Discrete Mathematics, 1990, 86(1 - 3): 165 - 177.

[90] Kuhn F, Moscibroda T, Wattenhofer R. Unit disk graph approximation[C]. Proc. of ACM DIALM-POMC, 2004.

[91] Schmid S, Wattenhofer R. Algorithmic models for sensor networks[C]. Proc. of the 14th International Workshop on Parallel and Distributed Real-Time Systems, 2006.

[92] Zhang C, Zhang Y, Fang Y. Detecting coverage boundary nodes in wireless sensor networks [C]. Proc. of IEEE ICNSC, 2006.

[93] Fekete S P, Kroller A, Pfisterer D, et al. Neighborhood-based topology recognition in sensor networks[C]. Proc. of ALGOSENSORS, 2004.

[94] Fekete S P, Kaufmann M, Kroller A, et al. A new approach for boundary recognition in geometric sensor networks [C]. Proc. of 17th Canadian Conference on Computational Geometry, 2005.

[95] Tan G, Bertier M, Kermarrec A M. Convex partition of sensor networks and its use in virtual coordinate geographic routing [C]. Proc. of IEEE INFOCOM, 2009.

[96] Jiang H, Liu W, Wang D, et al. Connectivity-based skeleton extraction in wireless sensor networks[J]. IEEE Transactions on Parallel and Distributed Systems, 2010, 21 (5): 710 -721.

[97] Funke S, Milosavljevic N. Network sketching or: " How much geometry hides in connectivity? – – part ii" [C]. Proc. of

ACM-SIAM SODA, 2007.

[98] Vapnik V, Chervonenkis A. On the uniform convergence of relative frequencies of events to their probabilities[J]. Theory of Probability and its Applications, 1971, 16: 264 – 280.

[99] Matousek J. Epsilon-nets and computational geometry. in New trends in discrete and computational geometry vol. 10 Algorithms and Combinatorics, 1993,69 – 89.

[100] Gandhi S, Suri S, Welzl E. Catching elephants with mice: Sparse sampling for monitoring sensor networks[C]. Proc. of ACM SenSys, 2007.

[101] Wang W, Bhargava B, Lu Y, et al. Defending against wormhole attacks in mobile ad hoc networks [J]. Wiley Wireless Communications and Mobile Computing, 2006, 6: 483 – 503.

[102] Zhang Y, Liu W, Lou W, et al. Location-based compromise-tolerant security mechanisms for wireless sensor networks [J]. IEEE Journal on Selected Areas in Communications, 2006, 24: 247 – 260.

[103] Capkun S, Buttyan L, Hubaux J P. Sector: Secure tracking of node encounters in multihop wireless networks[C]. Proc. of ACM SASN, 2003.

[104] Eriksson J, Krishnamurthy S V, Faloutsos M. Truelink: A practical countermeasure to the wormhole attack in wireless networks[C]. Proc. of IEEE ICNP, 2006.

[105] Hu L, Evans D. Using directional antennas to prevent wormhole attacks[C]. Proc. of NDSS, 2004.

[106] Khalil I, Bagchi S, Shroff N. Liteworp: A lightweight countermeasure for the wormhole attack in multihop wireless

networks[C]. Proc. of IEEE/IFIP DSN, 2005.

[107] Khalil I, Bagchi S, Shroff N B. Mobiworp: Mitigation of the wormhole attack in mobile multihop wireless networks[C]. Proc. of IEEE SecureComm, 2006.

[108] Poovendran R, Lazos L. A graph theoretic framework for preventing the wormhole attack in wireless ad hoc networks[J]. ACM/Kluwer Wireless Networks, 2007, 13: 27 –59.

[109] Maheshwari R, Gao J, Das S R. Detecting wormhole attacks in wireless networks using connectivity information [C]. Proc. of IEEE INFOCOM, 2007.

[110] Song N, Qian L, Li X. Wormhole attack detection in wireless ad hoc networks: A statistical analysis approach [C]. Proc. of IEEE IPDPS, 2005.

[111] Buttyan L, Dora L, Vajda I. Statistical wormhole detection in sensor networks[C]. Proc. of IEEE ESAS, 2005.

[112] Berg M D, Schwarzkopf O, Kreveld M V, et al. Computational geometry: Algorithms and applications[M]. Springer-Verlag, 2000.

[113] J. O'Rourke. Art gallery theorems and algorithms [M]. Oxford University Press, 1987.

[114] Heppes A, Melissen H. Covering a rectangle with equal circles[J]. Periodica Mathematica Hungarica, 1997, 34 (1): 65 –81.

[115] Kumar S, Lai T H, Balogh J. On k-coverage in a mostly sleeping sensor network [C]. Proc. of ACM MOBICOM, 2004.

[116] Wu K, Gao Y, Li F, et al. Lightweight deployment-aware scheduling for wireless sensor networks[J]. ACM/Kluwer

Mobile Networks and Applications (MONET), 2005, 10 (6): 837 -852.

[117] Dousse O, Tavoularis C, Thiran P. Delay of intrusion detection in wireless sensor networks [C]. Proc. of ACM MobiHoc, 2006.

[118] Balister P, Zheng Z, Kumar S, et al. Trap coverage: Allowing coverage holes of bounded diameter in wireless sensor networks[C]. Proc. of IEEE INFOCOM, 2009.

[119] Younis O, Krunz M, Ramasubramanian S. Coverage without location information[C]. Proc. of IEEE ICNP, 2007.

[120] Labrador M A, Wightman P M. Topology control in wireless sensor networks[M]. Springer, 2009.

[121] Santi P. Topology control in wireless ad hoc and sensor networks[J]. ACM Computing Surveys (CSUR), 2005, 37 (2): 164 -194.

[122] Wang Y. Topology control for wireless sensor networks[M]. Wireless sensor networks and applications, Springer, 2008: 113 -147.

[123] Li L, Halpern J Y, Bahl P, et al. A cone-based distributed topology-control algorithm for wireless multi-hop networks [J]. IEEE/ACM Transactions on Networks, 2005, 13(1): 147 -159.

[124] Ramanathan R, Rosales-Hain R. Topology control of multihop wireless networks using transmit power adjustment [C]. Proc. of IEEE INFOCOM, 2000.

[125] Xue F, Kumar P. The number of neighbors needed for connectivity of wireless networks [J]. Wireless Networks, 2004, 10(2): 169 -181.

[126] Blough D, Leoncini M, Resta G, et al. The k-neighbors protocol for symmetric topology control in ad hoc networks [C]. Proc. of ACM MobiHoc, 2003.

[127] Wattenhofer R, Zollinger A. Xtc: A practical topology control algorithm for ad hoc networks [C]. Proc. of 4th International Workshop on Algorithms for Wireless Mobile, Ad Hoc and Sensor Networks, 2004.

[128] Heinzelman W R, Chandrakasan A, Balakrishnan H. Energy-efficient communication protocol for wireless microsensor networks [C]. Proc. of 33rd Annual Hawaii International Conference on System Sciences, 2000.

[129] Younis O, Fahmy S. Heed: A hybrid, energy-efficient, distributed clustering approach for ad hoc sensor networks [J]. IEEE Transactions on Mobile Computing, 2004, 3 (4): 366 –379.

[130] Xu Y, Heidemann J, Estrin D. Geography-informed energy conservation for ad hoc routing [C]. Proc. of ACM MobiCom, 2001.

[131] Guha S, Khuller S. Approximation algorithms for connected dominating sets [C]. Proc. of European Symposium on Algorithms, 1996.

[132] Cheng X, Huang X, Li D, et al. Polynomial time approximation scheme for minimum connected dominating set in ad hoc wireless networks [J]. Networks, 2003, 42(4): 202 –208.

[133] Blum J, Ding M, Thaeler A, et al. Connected dominating set in sensor networks and manets [M]. Handbook of combinatorial optimization, Kluwer, pp. 329 –369, 2004

[134] Gao J, Guibas L J, Hershberger J, et al. Geometric spanner for routing in mobile networks[C]. Proc. of ACM MobiHoc, 2001.

[135] Li X Y, Calinescu G, Wan P J, et al. Localized delaunay triangulation with application in ad hoc wireless networks [J]. IEEE Transactions on Parallel and Distributed Systems, 2003, 14(10): 1035 – 1047.

[136] Chambers E W, V. de Silva, Erickson J, et al. Rips complexes of planar point sets[J]. Preprint, ArXiv:0712. 0395, 2007.

[137] Liebchen C, Rizzi R. Classes of cycle bases[J]. Discrete Applied Mathematics, 2007, 155: 337 – 355.

[138] Whitney H. Congruent graphs and the connectivity of graphs [J]. American Journal of Mathematics, 1932, 54(1): 150 – 168.

[139] Chen C, Freedman D. Quantifying homology classes ii: Localization and stability[J]. arXiv preprint, 2007.

[140] Dey T K, Hirani A N, Krishnamoorthy B. Optimal homologous cycles, total unimodularity, and linear programming[J]. arXiv preprint, 2009.

[141] Tutte W T. How to draw a graph[J]. Proceedings of the London Mathematical Society, 1963, 13(3): 743 – 768.

[142] Bose P, Morin P, Stojmenovic I, et al. Routing with guaranteed delivery in ad hoc wireless networks[C]. Proc. of ACM DIALM, 1999.

[143] Karp B, Kung H T. Gpsr: Greedy perimeter stateless routing for wireless networks[C]. Proc. of ACM MobiCom, 2000.

[144] Kuhn F, Wattenhofer R, Zollinger A. Worst-case optimal

and average-case efficient geometric ad-hoc routing [C]. Proc. of ACM MobiHoc, 2003.

[145] Munkres J R. Topology, second edition[M]. Prentice Hall, 2000.

[146] Hatcher A. Algebraic topology[M]. Cambridge University Press, 2002.

[147] Spanier E H. Algebraic topology[M]. McGraw-Hill, 1966.

[148] Bruck J, Gao J, Jiang A A. Localization and routing in sensor networks by local angle information [C]. Proc. of ACM MobiHoc, 2005.

[149] Lazos L, Poovendran R, Meadows C, et al. Preventing wormhole attacks on wireless ad hoc networks: A graph theoretic approach[C]. Proc. of IEEE WCNC, 2005.

[150] Erickson J, Whittlesey K. Greedy optimal homotopy and homology generators [C]. Proc. of ACM – SIAM SODA, 2005.

[151] Erickson J, Har-Peled S. Optimally cutting a surface into a disk[C]. Proc. of ACM SoCG, 2002.

[152] Pelsmajer M J, Schaefer M, Stefankovic D. Removing even crossings, continued[R]. DePaul CTI 06 – 016, 2006.

[153] Ghrist R, Lipsky D, Poduri S, et al. Surrounding nodes in coordinate-free networks [C]. Proc. of Workshop in Algorithmic Foundations of Robotics, 2006.

[154] Meguerdichian S, Koushanfar F, Potkonjak M, et al. Coverage problems in wireless ad hoc sensor networks[C]. Proc. of IEEE INFOCOM, 2001.

[155] Wang X, Xing G, Zhang Y, et al. Integrated coverage and connectivity configuration in wireless sensor networks [C].

Proc. of ACM SenSys, 2003.

[156] Zhang H, Hou J C. Maintaining sensing coverage and connectivity in large sensor networks[J]. Journal of Ad Hoc and Sensor Wireless Networks, 2005, 1: 89 – 124.

[157] Dong D, Liu Y, Liao X. Fine-grained boundary recognition in wireless ad hoc and sensor networks by topological methods[C]. Proc. of ACM MobiHoc, 2009.

[158] Gui C, Mohapatra P. Power conservation and quality of surveillance in target tracking sensor networks[C]. Proc. of ACM MobiCom, 2004.

[159] Cao Q, Abdelzaher T F, He T, et al. A Towards optimal sleep scheduling in sensor networks for rare-event detection [C]. Proc. of ACM/IEEE IPSN, 2005.

[160] Ren S, Li Q, Wang H, et al. Design and analysis of sensing scheduling algorithms under partial coverage for object detection in sensor networks [J]. IEEE Transactions on Parallel and Distributed Systems, 2007, 18(3): 334 – 350.

[161] Vismara P. Union of all the minimum cycle bases of a graph [J]. Electronic Journal of Combinatorics, 1997, 4(1): 73 – 87.

[162] Plotkin M. Mathematical basis of ring-finding algorithms in cids[J]. Journal of Chemical Documentation, 1971, 11 (1): 60 – 63.

[163] Horton J D. A polynomial-time algorithm to find the shortest cycle basis of a graph[J]. SIAM Journal on Computing, 1987, 16: 359 – 366.

[164] Mehlhorn K, Michail D, Saarbrucken G. Minimum cycle bases: Faster and simpler [J]. ACM Transactions on

Algorithms, 2008.

[165] Chickering D M, Geiger D, Heckerman D. On finding a cycle basis with a shortest maximal cycle[J]. Information Processing Letters, 1995, 54(1): 55 –58.

[166] Karlof C, Wagner D. Secure routing in wireless sensor networks: Attacks and countermeasures[J]. Elsevier AdHoc Networks, 2003, 1(2): 293 –315.

[167] Chan H, Perrig A. Security and privacy in sensor networks. in IEEE Computer, 36, 2003, 103 –105.

[168] Perrig A, Szewczyk R, Wen V, et al. Spins: Security protocols for sensor networks [C]. Proc. of ACM MobiCom, 2001.

[169] Ye F, Luo H, Lu S, et al. Statistical en-route filtering of injected false data in sensor networks[C]. Proc. of IEEE INFOCOM, 2004.

[170] Zhu S, Setia S, Jajodia S, et al. An interleaved hop-by-hop authentication scheme for filtering of injected false data in sensor networks[C]. Proc. of IEEE Symposium on Security and Privacy, 2004.

[171] Yang H, Ye F, Yuan Y, et al. Toward resilient security in wireless sensor networks [C]. Proc. of ACM MobiHoc, 2005.

[172] Ganeriwal S, Srivastava M B. Reputation-based framework for high integrity sensor networks[C]. Proc. of ACM SASN, 2004.

[173] Khalil I, Bagchi S, Nina-Rotaru C. Dicas: Detection, diagnosis and isolation of control attacks in sensor networks [C]. Proc. of IEEE SecureComm, 2005.

[174] Lee S B, Choi Y H. A resilient packet-forwarding scheme against maliciously packet-dropping nodes in sensor networks [C]. Proc. of ACM SASN, 2006.

[175] Silva A, Martins M, Rocha B, et al. Decentralized intrusion detection in wireless sensor networks [C]. Proc. of ACM IWQoS, 2005.

[176] Ioannis K, Dimitriou T, Freiling F C. Towards intrusion detection in wireless sensor networks [C]. Proc. of 13th European Wireless Conference, 2007.

[177] Marti S, Giuli T J, Lai K, et al. Mitigating routing misbehavior in mobile ad hoc networks [C]. Proc. of ACM MobiCom, 2000.

[178] Buchegger S, J. – Y. L. Boudec. Performance analysis of the confidant protocol: Cooperation of nodes fairness in distributed ad-hoc networks [C]. Proc. of ACM MobiHoc, 2002.

[179] Huang Y, Lee W. A cooperative intrusion detection system for ad hoc networks [C]. Proc. of ACM SASN, 2003.

[180] Michiardi P, Molva R. Core: A collaborativereputation mechanism to enforce node cooperation in mobile ad hoc networks [C]. Proc. of the IFIP Sixth Joint Working Conference on Communications and Multimedia Security, 2002.

[181] Ioannis K, Dimitriou T, Freiling F C. Towards intrusion detection in wireless sensor networks [C]. Proc. of the 13th European Wireless Conference, 2007.

[182] Heinzelman W R, Chandrakasan A, Balakrishnan H. Energy-efficient communication protocol for wireless

microsensor networks [C]. Proc. of the 33rd Hawaii International Conference on System Sciences, 2000.

[183] Chen B, Jamieson K, Balakrishnan H, et al. Span: An energy-efficient coordination algorithm for topology maintenance in ad hoc wireless networks[C]. Proc. of ACM MobiCom, 2001.

[184] Schurgers C, Tsiatsis V, Ganeriwal S, et al. Topology management for sensor networks: Exploiting latency and density[C]. Proc. of ACM MobiHoc, 2002.

[185] Khalil I, Bagchi S, Shroff N B. Slam: Sleep-wake aware local monitoring in sensor networks [C]. Proc. of IEEE/IFIP DSN, 2007.

[186] Hsin C, Liu M. Self-monitoring of wireless sensor networks [J]. Elsevier Computer Communications, 2006, 29(4): 462-476.

[187] Wang D, Zhang Q, Liu J. Self-protection for wireless sensor networks[C]. Proc. of IEEE ICDCS, 2006.

[188] Wang D, Zhang Q, Liu J. The self-protection problem in wireless sensor networks[J]. ACM Transactions on Sensor Networks, 2007, 3(4): Article No. 20.

[189] Kuhn F, Moscibroda T, Nieberg T, et al. Local approximation schemes for ad hoc and sensor networks[C]. Proc. of ACM DIALM-POMC, 2005.

[190] Garey M R, Johnson D S. The rectilinear steiner tree problem is np-complete [J]. SIAM Journal on Applied Mathematics, 1977, 32(4): 826-834.

[191] Tamassia R, Tollis I G. Planar grid embedding in linear time [J]. IEEE Transactions on Circuits and Systems, 1989, 36

(9): 1230 - 1234.

[192] Valiant L G. Universality considerations in vlsi circuits[J].
IEEE Transaction on Computers, 1981, C – 30(2): 135
– 140.

[193] Schrijver A. Combinatorial optimization-polyhedra and
efficiency(part iii)[M]. Spring, 2003.

[194] Hochbaum D S, Maass W. Approximation schemes for
covering and packing problems[J]. Journal of the ACM,
1985, 32(1): 130 – 136.

[195] Hochbaum D S. Approximation algorithms for np-hard
problems [M]. PWS Publishing Company, Chapter
3, 1997.

[196] Wan P J, Alzoubi K M, Frieder O. Distributed construction
of connected dominating set in wireless ad hoc networks[C].
Proc. of IEEE INFOCOM, 2002.

[197] Liang B, Haas Z J. Virtual backbone generation and
maintenance in ad hoc network mobility management[C].
Proc. of IEEE INFOCOM, 2000.